小学生气象科学系列读本

气象乐学家

上册

姚凤　刘依婷◎编著

低年级注音版

气象出版社

China Meteorological Press

图书在版编目（CIP）数据

气象乐学家 / 姚凤，刘依婷编著. -- 北京 ：气象
出版社，2023.4（2024.11重印）
ISBN 978-7-5029-7945-4

Ⅰ．①气… Ⅱ．①姚… ②刘… Ⅲ．①气象学—儿童
读物 Ⅳ．①P4-49

中国国家版本馆CIP数据核字(2023)第051556号

气象乐学家 （上册）
QIXIANG LEXUEJIA （SHANGCE）

出版发行：气象出版社

地　　址：北京市海淀区中关村南大街 46 号　　　　邮　　编：100081

电　　话：010-68407112（总编室）　　010-68408042（发行部）

网　　址：http://www.qxcbs.com　　　　E-mail： qxcbs@cma.gov.cn

责任编辑：宿晓凤　　　　　　　　　　　终　审：张　斌

责任校对：张硕杰　　　　　　　　　　　责任技编：赵相宁

封面设计：楠竹文化　　　　　　　　　　绘　　图：秦 赞　庄晶易　陈姣睿

印　　刷：北京地大彩印有限公司

开　　本：787 mm×1092 mm　1/16　　　印　　张：13.25

字　　数：190 千字

版　　次：2023 年 4 月第 1 版　　　　　印　　次：2024 年 11 月第 2 次印刷

定　　价：48.00 元（上下册）

序

"今日晴间多云，最高气温 25 ℃，最低气温 12 ℃……" 这是大家最为熟悉和直观的对气象的印象和了解。"碧玉妆成一树高，万条垂下绿丝绦。不知细叶谁裁出，二月春风似剪刀。" 一首诗道出了诗人眼中的和煦春风。名画《风雨归舟图》中，黑色的线条勾勒出群山中气势磅礴的暴雨，疾风呼啸，风生水起，画家心中的疾风骤雨跃然纸上。这是大家在文学艺术作品中感受的创意气象。气象是奇妙的，是多彩的，是幻化的，是与人们生产生活息息相关的。气象更是科学的，严谨的。气象事业是科技型、基础性、先导性社会公益事业，气象工作关系生命安全、生产发展、生活富裕、生态良好，关乎着防灾减灾救灾、农业、交通、能源、旅游等社会发展的方方面面。

党的二十大报告提出"积极参与应对气候变化全球治理",营造安全家园是人类共同的梦想,与自然灾害抗争是人类共同面对的挑战。加强防灾减灾工作,科学开发利用气候资源,是人类永续发展的永恒课题,更是气象工作的国之大者、责之首要。我们期待今天的青少年儿童能够有担当共同面对挑战,有能力主动迎接挑战;我们也期待今天的青少年儿童中能够涌现出未来气象事业高质量发展的接班人。

本人曾有幸于2022年11月到上海市闵行区七宝镇明强小学实地参观学习,亲眼见证了一堂妙趣横生的现代小学生实践课,被老师们精彩的课程设计和精妙讲解,以及同学们的开放科学思维和实践动手能力深深吸引。

明强小学的老师们是睿智的。他们关注了气象科普教育这个独特的领域,带着孩子们走近气象、关注气象、研究气象,气象也因此走进了孩子们的生活。通过引导孩子们积极参与学校创设的各种气象活动,帮助他们提高科学探究能力,养成耐心细

致、实事求是的科学态度，形成一定的科学思维能力，更激发了孩子们亲近自然、保护自然的勇气，以及热爱生活、创造生活的信心。

明强小学的老师们是前瞻的。他们在上海市气象学会的专业指导下，精心编撰了这本能够拉近孩子与气象科学距离的气象科普读本——《气象乐学家》。该书有三个非常巧妙之处：一妙在内容贴近学生，以孩童视角精选了雨、云、雪、雾等常见的天气现象，用通俗易懂的语言来解释这些现象及其蕴含的科学知识，还融入了气象防灾减灾的相关内容，让孩子们从小树立起关注气象灾害、主动防灾减灾的意识；二妙在涉及领域丰富，作者充分关注孩子的认知发展水平，设计了不同领域的趣味活动，有艺术活动、文学活动、科学活动，从不同视角感知气象之奥妙，让孩子们从感性认识到理性认知，在气象世界中探索；三妙在关注实践操作，"纸上得来终觉浅，绝知此事要躬行"，书中活动类型以实践操作为主，包括观测、制作、实验、绘画等，让孩子们能够真正动起手来，让气象在课堂中生动呈现。

这样的气象科普读本，一定会受到孩子们的喜爱，吸引他们走近气象科学，爱上气象科学，感悟气象之诗情画意，探索气象之博大精深。衷心希望孩子们在科学精神和科学家精神指引下健康成长，也期盼着有更多更好的科普校本课程转变成科普读本，以飨读者！

　　是为序。

中国气象学会秘书长　王金星

2023 年 3 月

前言

　　上海市闵行区七宝镇明强小学创办于 1905 年。学校以"审美、超越"为核心办学理念，以"明事理、明自我、强体魄、强精神"为校训，深入推进教育改革，逐步确立了"智慧管理、校园四季、幸福教师、和美课堂"四项核心改革工程。

　　近年来，学校在教育部重点课题"发达地区公办小学劳动教育养成体系的实践研究"的整体思考下，聚焦上海地区小学生的真实问题，确立了相适应的劳动观念、劳动习惯、劳动情感和劳动能力四大养成目标，又根据发达地区的地域特色和新时代特征，把需要培养的劳动内容归类成生活性劳动、生产性劳动、服务性劳动、管理性劳动、创意性劳动五大方面，并着重从劳动类型选择、实施方式路径、劳动素养达成三大方面切入推进。一方面，依托国家基础课程对共同性问题给予引导，促进学科间渗透，使劳动教育润物细无声；另一方面，开发劳动教育校本课程，关注重点突出问题，通过专项学习和活动设计，重视劳动教育过程，努力实现教学做合一。

作为全国"气象教育特色学校"，明强小学正是在劳动教育校本课程探索视野下致力于气象科学系列课程的实践与研究。学校聚焦科学观念、探究实践、科学思维、责任态度等核心素养，开发了阶梯成长式的气象科学系列课程：一年级"玩中学"，在体验中激发气象科学探究兴趣；二年级"做中学"，在实践探究中构建科学观念，积累探究实践能力；三、四年级"用中学"，在解决实际问题中内化科学知识，提高科学思维；五年级"创中学"，尝试用科学改变生活、创造美好。我们期待孩子们可以拾级而上，在气象科学之峰的攀登中获得核心素养的全面提升。

为了更好地拓展气象科普教育、普及气象科学知识、提升防灾减灾意识，明强小学将阶梯成长式

的气象科学系列课程转化成相应的科普读本。《气象乐学家》便是该系列中适用于低年级学生的气象科普读本。本书旨在通过风、雨、雪、气温、云、雾、霜、湿度八大主题单元，带领小学低年级学生走进气象科学领域的大门，去探寻奥妙无穷的万千气象。

本书不仅聚焦科学，聚焦新型视角的创造性劳动体验，更体现出跨领域性、实践性和趣味性，从科学、艺术、数学、文学等多个不同领域切入，引导学生开展与气象相关的系列实践体验活动。例如，在"云"主题单元的学习中，我们鼓励孩子们从诗歌诵读中认识云、从借鉴想象中创作祥云艺术作品、在一只烧杯中模拟"制造"云、在数学计算中区分云量的多少……从不同视角探秘气象科学，通过艺术创作、劳动实践、科学实验、科学制作等不同方式的实践活动，让孩子们能够在玩玩、做做中思考与成长，也让原本高深奥妙的气象科学世界充满了别样的色彩和奇妙的魅力。

习近平总书记强调："要在教育'双减'中做好科学教育加法，激发青少年好奇心、想象力、探求欲，培育具备科学家潜质、愿意献身科学研究事业的青少年群体。"希望《气象乐学家》等气象科学系列读本在小学生的童年中增添一抹独特的科学之美，让气象之光点亮孩童的科学梦想。

姚凤　刘依婷

2023 年 3 月

目 录

第一单元

第二单元

第三单元

第四单元

第一单元

cāi yi cāi
猜一猜

yúnr jiàn tā ràng lù
云儿见它让路，

xiǎo shù jiàn tā zhāo shǒu
小树见它招手，

hé miáo jiàn tā wān yāo
禾苗见它弯腰，

huār jiàn tā diǎn tóu
花儿见它点头。

xiǎo péng yǒu　　　mí yǔ zhōng miáo shù de shì shén me
小朋友，谜语中描述的是什么？

单元主题

fēng

风

chūn xià qiū dōng　　měi gè　jì　jié　de fēng dōu yǒu qí　dú　tè　de miànmào
春夏秋冬，每个季节的风都有其独特的面貌。

ràng wǒ men yì　qǐ cóng shī　cí zhōng pǐn wèi　　yòng huà bǐ　qù miáo huì
让我们一起从诗词中品味，用画笔去描绘。

fēng shì rú　hé xíng chéng de　　fēng yǒu nǎ　xiē tè diǎn　　wǒ men kě　yǐ　rú　hé cè liáng
风是如何形成的？风有哪些特点？我们可以如何测量

tā　　yù dào dà fēng zāi hài tiān qì　　wǒ men gāi zuò hǎo nǎ　xiē yù fáng gōng zuò　　bǎo hù shēng mìng
它？遇到大风灾害天气，我们该做好哪些预防工作，保护生命

ān quán
安全？

sì jì de xìn shǐ
四季的信使

yuè dú yǔ gǎn zhī
阅读与感知

yòng xiàn tiáo yǔ sè cǎi biǎo xiàn sì jì fēng dài gěi nǐ de bù tóng gǎn shòu nǐ kě yǐ jiāng xiàn
用线条与色彩表现四季风带给你的不同感受。你可以将线
tiáo huà zài kuàng nèi jiāng sè cǎi tú zài yuánquān nèi
条画在框内，将色彩涂在圆圈内。

xiàn tiáo
线条：

sè cǎi
色彩：

chí rì jiāngshān lì chūnfēng huā cǎo xiāng dù fǔ jué jù èr shǒu
迟日江山丽，春风花草香。——杜甫《绝句二首》

xiàn tiáo
线条：

sè cǎi
色彩：

xià fēng duō nuǎnnuǎn shù mù yǒu fán yīn yuánzhěn biǎo xià shí shǒu
夏风多暖暖，树木有繁阴。——元稹《表夏十首》

3

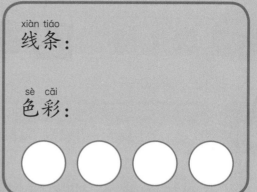

xiàn tiáo
线条：

sè cǎi
色彩：

○ ○ ○ ○

qiū fēng qǐ xī bái yún fēi　　cǎo mù huáng luò xī yàn nán guī
秋风起兮白云飞，草木黄落兮雁南归。

liú chè　　qiū fēng cí
——刘彻《秋风辞》

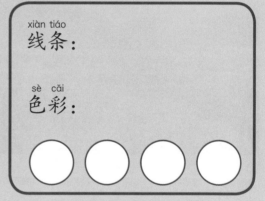

xiàn tiáo
线条：

sè cǎi
色彩：

○ ○ ○ ○

shí lǐ xiàng běi xíng　　hán fēng chuī pò ěr
十里向北行，寒风吹破耳。

bái jū yì　　zǎo cháo hè xuě jì chénshān rén
——白居易《早朝贺雪寄陈山人》

☆ 评一评

píng jià wéi dù 评价维度	jù tǐ yāo qiú 具体要求	dá chéng qíng kuàng 达成情况
yǔ yán yùn yòng 语言运用	néng zhèng què lǎng dú shī jù　　bìng dú chū tíng dùn 能正确朗读诗句，并读出停顿	☆
sī wéi néng lì 思维能力	néng lián xì shī jù shuō yi shuō sì jì de fēng yǒu shén me bù tóng 能联系诗句说一说四季的风有什么不同	☆
shěn měi chuàng zào 审美创造	xuǎn zé nǐ xǐ huan de yí jù　　zhǎn kāi xiǎngxiàng　　shuō yi shuō 选择你喜欢的一句，展开想象，说一说 nǐ xiǎng dào de huà miàn 你想到的画面	☆

四季的风

tú huà shū shì yòng tú huà hé wén
图画书是用图画和文
zì gòng tóng xù shù yí gè wán zhěng gù shi
字共同叙述一个完整故事
de shū jí
的书籍。

kàn kan tú huà shū　　sì jì de fēng　zhōng de yè miàn　gǎn shòu sì jì fēng zhōng yùn hán de
看看图画书《四季的风》中的页面，感受四季风中蕴含的
shēng huó qì xī
生活气息。

春天，花朵在风中跳着圆舞曲，
一圈又一圈。

夏天，
风从远方带来了雨水。

秋天，
落叶在风中旋转。

冬天，
雪花在风中悠悠落下。

【小组合作】
xiāo zǔ hé zuò

měi gè xiǎo péng yǒu tiāo xuǎn zì jǐ xǐ huan de yí gè jì jié de fēng jìn xíng chuàng zuò
每个小朋友挑选自己喜欢的一个季节的风进行创作。

zuì hòu jiāng xiǎo zǔ nèi suǒ yǒu chéngyuán de zuò pǐn zhì zuò chéng yì běn tú huà shū
最后，将小组内所有成员的作品制作成一本图画书。

huó dòng cái liào   cǎi sè zhǐ   qiān huà zhǐ   qiān bǐ   xiàng pí   jì hào bǐ   gù tǐ jiāo
活动材料：彩色纸、铅画纸、铅笔、橡皮、记号笔、固体胶、

shuǐ cǎi bǐ
水彩笔。

huó dòng bù zhòu
活动步骤：

xuǎn zé jì jié bìng jìn xíng
1. 选择季节并进行
chuàng zuò
创作。

xuǎn zé yè miànzhān tiē zài yì qǐ
2. 选择页面粘贴在一起。

wán chéng yì běn sì jì tú huà shū
3. 完成一本四季图画书。

👁 秀一秀

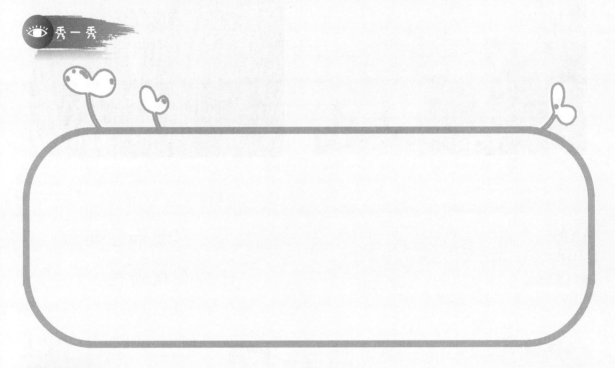

☆ 评一评

píng jià wéi dù 评价维度	jù tǐ yāo qiú 具体要求	dá chéng qíng kuàng 达成情况
shěn měi gǎn zhī 审美感知	néng tōng guò guān chá fā xiàn sì jì fēng de bù tóng tè diǎn gǎn 能通过观察发现四季风的不同特点，感 shòu fēng zhī měi 受风之美	☆
yì shù biǎo xiàn 艺术表现	néng biǎo dá zì jǐ duì yú sì jì fēng zhī měi de dú tè gǎn shòu 能表达自己对于四季风之美的独特感受	☆
chuàng yì shí jiàn 创意实践	néng yùn yòng xiàn tiáo xíng zhuàng sè cǎi biǎo xiàn sì jì bù tóng 能运用线条、形状、色彩表现四季不同 de fēng 的风	☆

第2课 风从哪里来
fēng cóng nǎ lǐ lái

guān chá tú zhōng de xiàn xiàng　xiǎng yi xiǎng fēng shì zěn yàng xíng chéng de ne
观察图中的现象，想一想风是怎样形成的呢？

tàn jiū yǔ tǐ yàn
探究与体验

cǎi qí hé zhí wù wèi
彩旗和植物为
shén me huì bǎi dòng ne
什么会摆动呢？

 做一做
zhì zào
fēng
"制造" 风

jiè zhù shēn biān de wù pǐn　zhì zào fēng　ràng sī dài piāo qǐ lái
借助身边的物品，制造风，让丝带飘起来。

shàn zi　　　　　　　shū　　　　　　　sī dài
扇子　　　　　　　　书　　　　　　　丝带

 说一说
nǐ shì zěn me　　zhì zào　fēng de ne
你是怎么"制造"风的呢？

píng jià wéi dù 评价维度	jù tǐ yāo qiú 具体要求	dá chéng qíng kuàng 达成情况
tàn jiū shí jiàn 探究实践	néng jiè zhù shēn biān de wù pǐn ràng sī dài piāo dòng 能借助身边的物品让丝带飘动	☆
kē xué guān niàn 科学观念	zhī dào fēng shì yóu yú kōng qì liú dòng xíng chéng de 知道风是由于空气流动形成的	☆

fēng shì yóu kōng qì liú dòng yǐn qǐ de yì zhōng zì rán xiàn xiàng
风是由空气流动引起的一种自然现象。

fēng shì dà zì rán de chǎn wù　　zuò wéi tiān qì yào sù zhī yī　　tiān qì yù bào zhōng shì rú
风是大自然的产物。作为天气要素之一，天气预报中是如

hé miáo shù fēng de ne
何描述风的呢？

读
图
识
风
dú tú shí fēng

周四 3月3日	周五 3月4日	周六 3月5日
9～18℃	7～16℃	7～15℃
阴转小雨	小雨转多云	阴
东南风<3级	西北风<3级	东北风<3级
良	良	良

fēng xiàng　　　　　　fēng lì dà xiǎo
风向　　　　　　风力大小

wǒ men kě yǐ yòng fēng xiàng hé fēng lì lái miáo shù fēng
我们可以用风向和风力来描述风。

9

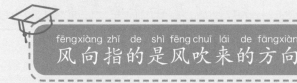

fēng de fāngxiàng
风 的方向

做一做

shí yàn cái liào
实验材料：

fēngxiàng zhǐ de shì fēng chuī lái de fāngxiàng
风向指的是风吹来的方向。

sī dài
丝带

diàn fēng shàn
电风扇

fāng wèi pán
方位盘

shí yàn bù zhòu
实验步骤：

jiāng fāng wèi pán fàng yú zhuō miàn　gēn jù fāng wèi tiáo zhěng bǎi fàng hǎo fāng wèi pán
1. 将方位盘放于桌面，根据方位调整摆放好方位盘。

yòng shǒu wò zhù sī dài de yì duān　jiāng sī dài xuán yú fāng wèi pán shàngfāng
2. 用手握住丝带的一端，将丝带悬于方位盘上方。

dǎ kāi xiǎo fēng shàn　chuī xiàng sī dài
3. 打开小风扇，吹向丝带。

guān chá sī dài piāo dòng de fāngxiàng
4. 观察丝带飘动的方向。

ān quán tí shì
安全提示

qiè wù jiāng shǒu
切勿将手
chù jí shàn miàn
触及扇面

shí yàn jié guǒ
实验结果：

guān chá dào de fēngxiàng shì　　　　　　　　　tián xiě fāng wèi　fēng
观察到的风向是 _____ （填写方位）风。

☆ 评一评

píng jià wéi dù 评价维度	jù tǐ yāo qiú 具体要求	dá chéng qíng kuàng 达成情况
tàn jiū shí jiàn 探究实践	néng jiāo liú shí yàn de guò chéng hé jié guǒ 能交流实验的过程和结果	☆
kē xué guān niàn 科学观念	zhī dào fēng xiàng shì zhǐ fēng chuī lái de fāng xiàng 知道风向是指风吹来的方向	☆
tài dù zé rèn 态度责任	jù yǒu ān quán shǐ yòng fēng shàn de yì shí 具有安全使用风扇的意识	☆

wèi le gèng jīng zhǔn de guān cè fēng xiàng
为了更精准地观测风向，
rén men huì shǐ yòng fēng xiàng biāo jìn xíng guān cè
人们会使用风向标进行观测。

shè jì yǔ zhì zuò
设计与制作

zhì zuò jiǎn yì fēng xiàng biāo
制作简易风向标

做一做

huó dòng cái liào
活动材料：

gēn xī guǎn zhī dài
1根吸管、1支带

xiàng pí de qiān bǐ gè dà
橡皮的铅笔、1个大

tóu zhēn gè zhǐ bēi bǎ
头针、1个纸杯、1把

jiǎn dāo zhāng kǎ zhǐ
剪刀、1张卡纸。

活动步骤：

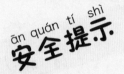

ān quán tí shì dà tóu zhēn jiān ruì xiǎo xīn shǐ yòng
安全提示 **大头针尖锐，小心使用**

guān cè yāo qiú　　qǐng shǐ yòng zì zhì fēng xiàng biāo hé fāng wèi pán guān cè fēng xiàng
观测要求：请使用自制风向标和方位盘观测风向。

guān cè jié guǒ
观测结果：

cè dé de fēng xiàng shì　　　　　　　　　　　 tián xiě fāng wèi　 fēng
测得的风向是 ＿＿＿＿＿＿＿（填写方位）风。

☆ 评一评

píng jià wéi dù 评价维度	jù tǐ yāo qiú 具体要求	dá chéng qíng kuàng 达成情况
láo dòng néng lì 劳动能力	néng àn zhào bù zhòu wán chéng fēng xiàng biāo de zhì zuò 能按照步骤完成风向标的制作	☆
tàn jiū shí jiàn 探究实践	néng yòng zì zhì fēng xiàng biāo hé fāng wèi pán zhèng què guān cè fēng xiàng 能用自制风向标和方位盘正确观测风向	☆
láo dòng xí guàn 劳动习惯	néng ān quán guī fàn de shǐ yòng láo dòng gōng jù 能安全规范地使用劳动工具	☆

第3课 有"力量"的风
yǒu "lì liàng" de fēng

阅读与交流
yuè dú yǔ jiāo liú

wèi shén me wǒ men yǒu shí kàn dào wēi fēng chuī qǐ yáng liǔ zhī
为什么我们有时看到微风吹起杨柳枝

tiáo qīng wǔ   yǒu shí kàn dào kuáng fēng xiān qǐ jīng tāo hài làng
条轻舞，有时看到狂风掀起惊涛骇浪？

fēng chuī dào wù tǐ shang   huì biǎo
风吹到物体上，会表

xiàn chū bù tóng de lì liàng
现出不同的力量。

wǒ men yòng fēng lì děng jí biǎo shì fēng de dà xiǎo
我们用风力等级表示风的大小。

 读一读

ruǎn fēng   fēng lì jí
软风：风力1级，
qīng yān suí fēng piān
轻烟随风偏。

qīng fēng   fēng lì jí
轻风：风力2级，
rén miàn gǎn jué yǒu fēng
人面感觉有风。

wēi fēng fēng lì jí
微风：风力3级，
shù yè yáo dòng
树叶摇动。

hé fēng fēng lì jí
和风：风力4级，
néng chuī qǐ dì miàn de zhǐ zhāng
能吹起地面的纸张。

jìn fēng fēng lì jí
劲风：风力5级，
xiǎo shù yáo bǎi shuǐ miàn yǒu bō
小树摇摆，水面有波。

qiáng fēng fēng lì jí
强风：风力6级，
dà shù yáo dòng jǔ sǎn kùn nan
大树摇动，举伞困难。

jí fēng fēng lì jí
疾风：风力7级，
quán shù yáo dòng yíng fēng bù xíng
全树摇动，迎风步行
gǎn jué bú biàn
感觉不便。

dà fēng fēng lì jí
大风：风力8级，
shù zhī zhé duàn
树枝折断。

lliè fēng　fēng lì　jí
烈风：风力 9 级，
jiàn zhù wù yǒu xiǎo pò sǔn
建筑物有小破损。

kuáng fēng　fēng lì　jí
狂风：风力 10 级，
kě bá qǐ shù mù　jiàn zhù wù
可拔起树木，建筑物
yán zhòng shòu sǔn
严重受损。

bào fēng　fēng lì　jí
暴风：风力 11 级，
lù dì shang hěn shǎo jiàn
陆地上很少见。

jù fēng　fēng lì　jí
飓风：风力 12 级，
lù dì shang jí shǎo jiàn　cuī huǐ lì
陆地上极少见，摧毁力
jí dà
极大。

说一说

guān chá bìng yòng yǔ yán miáo shù shēng huó zhōng bù tóng fēng lì děng jí xià de jǐng xiàng
观察并用语言描述生活中不同风力等级下的景象。

fēng yǒu sù dù　　fēng sù yuè kuài
风有速度，风速越快，
fēng lì děng jí yuè dà
风力等级越大。

读一读

dāng fēng lì dá dào　　jí shí　　fēng sù jiù
当风力达到 6 级时，风速就
yǐ jīng chāo guò le duǎn pǎo shì jiè guàn jūn sū bǐng tiān
已经超过了短跑世界冠军苏炳添
de sù dù le
的速度了。

rú hé cè liáng fēng sù ne
如何测量风速呢？

gēn jù fēng sù yí de zhuàn sù kě yǐ gū
根据风速仪的转速可以估
cè fēng sù　　fēng sù yí měi fēn zhōng zhuàn dòng de
测风速。风速仪每分钟转动的
cì shù yuè duō　　shuō míng fēng sù yuè kuài　zhuàn dòng
次数越多，说明风速越快，转动
de cì shù yuè shǎo　　shuō míng fēng sù yuè màn
的次数越少，说明风速越慢。

做一做

zhì zuò jiǎn yì　fēng　sù yí
制作简易 风 速仪

huó dòng cái liào
活动材料：

gè dà zhǐ bēi　　　　gè xiǎo zhǐ bēi　　　　gēn xiǎo xī guǎn　　　gè dà tóu zhēn　　　　zhī
1 个大纸杯、4 个小纸杯、3 根小吸管、1 个大头针、1 支
yǒu jiān tóu de bǐ
有尖头的笔。

17

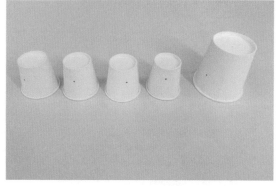

yòng bǐ zài dà zhǐ bēi nèi cè

1. 用笔在大纸杯内侧

duì chèn de chuō sì gè kǒng

对称地戳四个孔。

yòng bǐ zài sì gè xiǎo zhǐ bēi nèi cè

2. 用笔在四个小纸杯内侧

duì chèn de chuōliǎng gè kǒng

对称地戳两个孔。

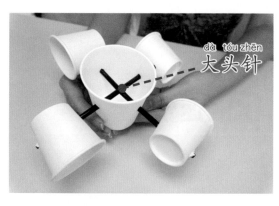

dà tóu zhēn
大头针

bǎ liǎng gēn xī guǎn chā rù dà zhǐ bēi hé

3. 把两根吸管插入大纸杯和

xiǎo zhǐ bēi de kǒngzhōng   xī guǎn jiāo chā

小纸杯的孔中，吸管交叉

de dì fang chā yì gēn dà tóu zhēn gù dìng

的地方插一根大头针固定。

yòng bǐ bǎ dà zhǐ bēi de dǐ bù chuō gè

4. 用笔把大纸杯的底部戳个

dòng   bǎ dì sān gēn xī guǎn chā rù dòng

洞，把第三根吸管插入洞

zhōng   xī guǎn dǐng duān hé dà tóu zhēn gù

中，吸管顶端和大头针固

dìng zài yì qǐ

定在一起。

ān quán tí shì
安全提示

dà tóu zhēn jiān ruì   xiǎo xīn shǐ yòng
大头针尖锐，小心使用

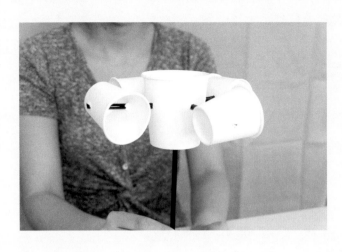

zhì zuò wán chéng
5. 制作完成。

shí jiàn guān cè
实践观测：

qǐng shǐ yòng zì zhì fēng sù yí dào cāo chǎng huò qí tā kāi kuò dì dài guān cè fēng sù
请使用自制风速仪到操场或其他开阔地带观测风速。

评一评

píng jià wéi dù 评价维度	jù tǐ yāo qiú 具体要求	dá chéng qíng kuàng 达成情况
láo dòng xí guàn 劳动习惯	néng ān quán guī fàn de shǐ yòng láo dòng gōng jù 能安全规范地使用劳动工具	☆
láo dòng pǐn zhì 劳动品质	néng xiǎo zǔ hé zuò wán chéng jiǎn yì fēng sù yí de zhì zuò 能小组合作完成简易风速仪的制作	☆
kē xué guān niàn 科学观念	néng shǐ yòng jiǎn yì fēng sù yí guān cè fēng sù 能使用简易风速仪观测风速	☆

fēng yǔ rén lèi
风与人类

yuè dú yǔ jiāo liú
阅读与交流

fēng wú chù bú zài　　fēng duì wǒ men de shēng huó yǒu nǎ xiē yǐng xiǎng ne
风无处不在，风对我们的生活有哪些影响呢？

fēng shì cháng jiàn de zì rán xiàn xiàng　shēng huó zhōng tā
风是常见的自然现象，生活中它
duì wǒ men yǒu lì yě yǒu bì
对我们有利也有弊。

台风防护 小贴士
tái fēng fáng hù xiǎo tiē shì

zhǔn bèi chōng zú de shí wù hé shuǐ
1. 准备充足的食物和水。

guān hǎo mén chuāng bì miǎn wài chū
2. 关好门窗，避免外出。

jìn zhǐ yóu yǒng
3. 禁止游泳。

bú yào chù pèng diào luò de diàn xiàn
4. 不要触碰掉落的电线。

xuǎn zé ān quán chǎng suǒ tíng chē
5. 选择安全场所停车。

yù xiǎn jí shí bō dǎ jiù yuán diàn huà
6. 遇险及时拨打救援电话。

☆ 评一评

píng jià wéi dù 评价维度	jù tǐ yāo qiú 具体要求	dá chéng qíng kuàng 达成情况
kē xué guān niàn 科学观念	néng jǔ lì shuō míng fēng duì wǒ men yǒu lì yě yǒu bì 能举例说明风对我们有利也有弊	☆
tài dù zé rèn 态度责任	jù yǒu yù fáng tái fēng fáng zāi bì xiǎn de ān quán yì shí 具有预防台风、防灾避险的安全意识	☆

单元自主探究

李阿姨经常把衣服晾在露天阳台上，但有时风大，会把挂着的衣服吹落甚至吹走，这让李阿姨非常苦恼。

我们能不能设计一个"防风"衣架呢？你还能想到其他方法让衣服不被大风吹走吗？

请在小组内交流想法，并把你的创意画下来。

22

第二单元

cāi yi cāi
猜一猜

qiān tiáo xiàn
千条线，

wàn tiáo xiàn
万条线，

luò zài shuǐ li kàn bú jiàn
落在水里看不见。

xiǎo péng yǒu　　　mí yǔ zhōng miáo shù de shì shén me ne
小朋友，谜语中描述的是什么呢？

单元主题

yǔ
雨

yǔ shì dà zì rán de jīng líng   shì zì rán kuì zèng gěi wǒ men de lǐ wù
雨是大自然的精灵，是自然馈赠给我们的礼物。

ràng wǒ men jìng xià xīn lái pǐn wèi gǔ dài wén zì zhōng de   yǔ   fā huī chuàng yì   shè
让我们静下心来品味古代文字中的"雨"，发挥创意，设

jì dú yī wú èr de yǔ sǎn
计独一无二的雨伞。

yǔ cóng nǎ lǐ lái ne   rú hé mó nǐ yǔ de xíng chéng ne   jiàng yǔ liàng de duō shǎo kě yǐ
雨从哪里来呢？如何模拟雨的形成呢？降雨量的多少可以

bèi cè liáng ma   rú hé jìng huà yǔ shuǐ ne   yù dào bào yǔ tiān qì   wǒ men gāi zuò hǎo nǎ xiē
被测量吗？如何净化雨水呢？遇到暴雨天气，我们该做好哪些

yù fáng gōng zuò lái bì miǎn ān quán shì gù de fā shēng ne
预防工作来避免安全事故的发生呢？

jiǎ gǔ wén zhōng de yǔ
第 1 课 甲骨文中的"雨"

lǐ jiě yǔ chuàng zào
理解与创造

想一想

jiǎ gǔ wén yǔ zì de bǐ huà
甲骨文"雨"字的笔画
yǒu zhe gè zì bù tóng de hán yì
有着各自不同的含义。

gěi jiǎ gǔ wén yǔ zì jiā
给甲骨文"雨"字加
shàng yì diǎnr lián xiǎng hé chuàng
上一点儿联想和创
yì jiù kě yǐ biàn chéng yì fú
意，就可以变成一幅
huà zhè shì wǒ huà de nǐ huà
画。这是我画的，你画
de shì shén me yàng zi de ne
的是什么样子的呢？

秀一秀

nǐ zhī dào yǔ zì de yǎn biàn guò chéng ma
你知道"雨"字的演变过程吗？

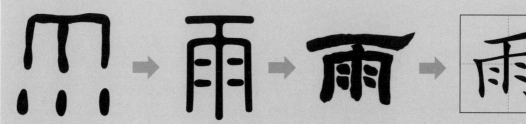

| jiǎ gǔ wén | xiǎo zhuàn | lì shū | kǎi shū |
| 甲骨文 | 小篆 | 隶书 | 楷书 |

☆

píng jià wéi dù 评价维度	jù tǐ yāo qiú 具体要求	dá chéng qíng kuàng 达成情况
wén huà zì xìn 文化自信	néng zài liǎo jiě yǔ zì de yǎn biàn guò chéngzhōng gǎn shòu hàn 能在了解"雨"字的演变过程中感受汉 zì de měi 字的美	☆
yì shù biǎo dá 艺术表达	néngyòng měi shù yǔ yán biǎo dá duì yǔ zì de lǐ jiě 能用美术语言表达对"雨"字的理解	☆

chuàng yì yǔ biǎo xiàn
创 意 与 表 现

读一读

huā lā　　huā lā　　xià yǔ le
哗啦，哗啦，下雨了，

yàn zi fēi dào shù zhī shang　　dà shù sǎn
燕子飞到树枝上，大树伞！

mǎ yǐ pá dào mó gū xia　　mó gū sǎn
蚂蚁爬到蘑菇下，蘑菇伞！

qīng wā jǔ qǐ le hé yè　　hé yè sǎn
青蛙举起了荷叶，荷叶伞！

piáo chóng fēi dào huā bàn xia　　huā bàn sǎn
瓢虫飞到花瓣下，花瓣伞！

dòng wù de yǔ sǎn
——《动物的雨伞》

sǎn miàn
伞面

sǎn gǔ
伞骨

sǎn bǐng
伞柄

想一想

nǐ néng wèi xiǎo dòng wù men shè jì yì bǎ yǔ sǎn ma
你能为小动物们设计一把雨伞吗？

shè jì yǔ sǎn shí　　kě yǐ wéi rào xiǎo dòng wù de xíng tài　　xí xìng hé
设计雨伞时，可以围绕小动物的形态、习性和

shēng huó huán jìng zhǎn kāi xiǎng xiàng　　yǒu néng lì de tóng xué hái kě yǐ tiān jiā bèi
生活环境展开想象。有能力的同学还可以添加背

jǐng　　chuàng shè gù shi qíng jìng　　bìng yǔ tóng bàn fēn xiǎng zì jǐ de gù shi
景，创设故事情境，并与同伴分享自己的故事。

画一画

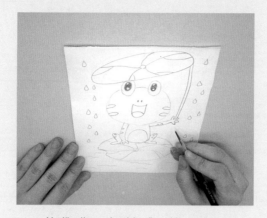

huà xià nǐ xǐ huan
1. 画下你喜欢
de xiǎo dòng wù
的小动物。

wèi xiǎo dòng wù shè jì dú yī
2. 为小动物设计独一
wú èr de yǔ sǎn
无二的雨伞。

shàng sè bìng tiān jiā bèi jǐng
3. 上色并添加背景，
wán chéng zuò pǐn
完成作品。

秀一秀

评一评

píng jià wéi dù 评价维度	jù tǐ yāo qiú 具体要求	dá chéng qíng kuàng 达成情况
yǔ yán yùn yòng 语言运用	néng zhèng què yǒu gǎn qíng de lǎng dú shī gē gǎn shòu dòng wù 能正确、有感情地朗读诗歌，感受动物 yǔ sǎn de bù tóng tè diǎn 雨伞的不同特点	☆
shěn měi chuàng zào 审美创造	néng zhǎn kāi xiǎng xiàng wèi dòng wù shè jì jì měi guān yòu shí 能展开想象，为动物设计既美观又实 yòng qiě fù yǒu chuàng yì de yǔ sǎn 用，且富有创意的雨伞	☆
yì shù biāo dá 艺术表达	néng duì zhào huì huà zuò pǐn yǔ tóng bàn fēn xiǎng zì jǐ chuàng biān 能对照绘画作品，与同伴分享自己创编 de gù shi 的故事	☆

第2课 yǔ cóng nǎ lǐ lái 雨从哪里来

yuè dú yǔ jiāo liú 阅读与交流

xiǎo yǔ diǎn dàn shēng jì 小雨点诞生记

tiān kōng zhōng，tài yáng gōng gong wēi xiào de zhào yào zhe。lù dì、jiāng hé、hú pō、dà
天空中，太阳公公微笑地照耀着。陆地、江河、湖泊、大

hǎi zhōng de xiǎo shuǐ dī zài yáng guāng de zhào shè xià，shēn tǐ biàn de qīng piāo piāo de，tǐ xíng yě
海中的小水滴在阳光的照射下，身体变得轻飘飘的，体形也

yuè lái yuè xiǎo。xiǎo shuǐ dī màn màn biàn chéng le shuǐ zhēng qì，huàng huàng yōu yōu de piāo dào tiān shang
越来越小。小水滴慢慢变成了水蒸气，晃晃悠悠地飘到天上

qù le。tiān shang kě zhēn lěng a！shuǐ zhēng qì dòng de zhí dǎ duō suo。zài shàng shēng de guò
去了。天上可真冷啊！水蒸气冻得直打哆嗦。在上升的过

chéng zhōng，tā men yǒu de biàn chéng le xiǎo shuǐ dī，hái yǒu de biàn chéng le xiǎo bīng jīng，hěn duō
程中，它们有的变成了小水滴，还有的变成了小冰晶，很多

hěn duō xiǎo shuǐ dī hé xiǎo bīng jīng
很多小水滴和小冰晶

zài gāo kōng zhōng jiàn jiàn jù jí qǐ
在高空中渐渐聚集起

lái，xíng chéng le yí piàn piàn yún
来，形成了一片片云

duǒ。hái méi jié shù ne！zhè
朵。还没结束呢！这

xiē xiǎo jiā huo men kě bù lǎo shi，
些小家伙们可不老实，

tā men zài ruǎn ruǎn de yún duǒ li
它们在软软的云朵里

pèng zhuàng、tiào yuè，dǎ dǎ nào
碰撞、跳跃，打打闹

nào，yì qún qún xiǎo shuǐ dī hé
闹，一群群小水滴和

xiǎo bīng jīng zhú jiàn huì jù chéng le
小冰晶逐渐汇聚成了

2.凝结

3.降雨

1.蒸发

29

dà shuǐ dī   dà shuǐ dī de shēn tǐ yuè lái yuè zhòng dāng kōng qì zài yě chéng shòu bú zhù zhè ge

大水滴。大水滴的身体越来越重，当空气再也承受不住这个

zhòngliàng de shí hou   shuǐ dī men jiù cóng yún li diào xià lái le huā huā huā zhè jiù shì xiǎo

重量的时候，水滴们就从云里掉下来了，"哗哗哗"，这就是小

yǔ diǎn

雨点。

xiǎo péng yǒu   qǐng nǐ cháng shì yòng zì jǐ de huà shuō yi shuō yǔ

小朋友，请你尝试用自己的话说一说雨

shì cóng nǎ lǐ lái de zài hé xiǎo huǒ bàn jiāo liú yí xià ba

是从哪里来的，再和小伙伴交流一下吧。

shuǐ shì yí gè qín kuài de lǚ xíng jiā bú duàn de biàn huàn xíng tài zài

水是一个勤快的旅行家，不断地变换形态在

dà zì rán zhōng lǚ xíng wǒ men bǎ zhè ge guò chéngchēng wéi shuǐ xún huán

大自然中旅行，我们把这个过程称为水循环。

 评一评

píng jià wéi dù 评价维度	jù tǐ yāo qiú 具体要求	dá chéng qíng kuàng 达成情况
yǔ yán yùn yòng 语言运用	néng zhèng què liú lì de lǎng dú gù shi néng cóng gù shi zhōng 能正确、流利地朗读故事，能从故事中 zhǎo chū xiǎo yǔ diǎn biàn huà de bù tóng xíng tài 找出小雨点变化的不同形态	☆
	néng zài qíng jìng zhōng fù shù jiàng yǔ de guò chéng lè yú fēn xiǎng 能在情境中复述降雨的过程，乐于分享 jiāo liú 交流	☆
kē xué guān niàn 科学观念	zhī dào xià yǔ shì zì rán jiè shuǐ xún huán de zhòng yào huán jié 知道下雨是自然界水循环的重要环节	☆

mó nǐ xià yǔ
模拟下雨

shí yàn cái liào　　　sù fēng dài　　lán sè shí yòng sè
实验材料： 塑封袋、蓝色食用色
　　　　　　sù　　jì hào bǐ　tòu míng jiāo
　　　素、记号笔、透明胶
　　　dài　　shuǐ děng
　　　带、水等。

shí yàn bù zhòu
实验步骤：

yòng jì hào bǐ zài sù fēng dài shang
1. 用记号笔在塑封袋上
huà chū shuǐ wèi　　yún hé tài yáng
画出水位、云和太阳。

zài shuǐ zhōng jiā rù jǐ dī lán sè shí yòng
2. 在水中加入几滴蓝色食用
sè sù　　bìng jiǎo bàn jūn yún
色素，并搅拌均匀。

zhù yì
注意

jiā rù shí yòng sè sù shì
加入食用色素是
wèi le shǐ shí yàn xiàn xiàng gèng míng
为了使实验现象更明
xiǎn　　biàn yú guān chá
显，便于观察。

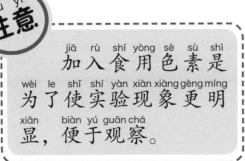

31

3. 将水倒入塑封袋
jiāng shuǐ dào rù sù fēng dài
中，注意水不要超
zhōng zhù yì shuǐ bú yào chāo
过水位线，将塑封
guò shuǐ wèi xiàn jiāng sù fēng
袋口封住。
dài kǒu fēng zhù

4. 用透明胶带将
yòng tòu míng jiāo dài jiāng
塑封袋固定在窗
sù fēng dài gù dìng zài chuāng
户上。
hu shang

5. 两小时后，观察
liǎng xiǎo shí hòu guān chá
塑封袋中的变化。
sù fēng dài zhōng de biàn huà

  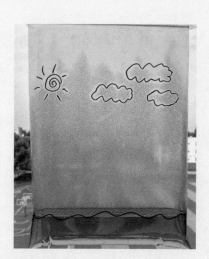

说一说

两小时后塑封袋中发生了怎样的变化？
liǎng xiǎo shí hòu sù fēng dài zhōng fā shēng le zěn yàng de biàn huà

评一评

评价维度 píng jià wéi dù	具体要求 jù tǐ yāo qiú	达成情况 dá chéng qíng kuàng
实践探究 shí jiàn tàn jiū	能按照步骤完成模拟下雨实验 néng àn zhào bù zhòu wán chéng mó nǐ xià yǔ shí yàn	☆
	能说出模拟下雨实验中产生的现象 néng shuō chū mó nǐ xià yǔ shí yàn zhōng chǎn shēng de xiàn xiàng	☆

第3课 "多变"的雨

duō biàn de yǔ

阅读与交流
yuè dú yǔ jiāo liú

在生活中，根据降雨量的多少，雨可以分为小雨、中雨、大雨、暴雨、大暴雨、特大暴雨六个降雨等级。

小雨
xiǎo yǔ

日降雨量在 9.9 毫米及以下称为小雨
rì jiàng yǔ liàng zài háo mǐ jí yǐ xià chēng wéi xiǎo yǔ

中雨
zhōng yǔ

日降雨量在 10.0 ～ 24.9 毫米称为中雨
rì jiàng yǔ liàng zài háo mǐ chēng wéi zhōng yǔ

dà yǔ
大雨

rì jiàng yǔ liàng zài　　　　　　　háo mǐ chēng wéi dà yǔ
日降雨量在 25.0 ～ 49.9 毫米称为大雨

bào yǔ
暴雨

rì jiàng yǔ liàng zài　　　　　　　háo mǐ chēng wéi bào yǔ
日降雨量在 50.0 ～ 99.9 毫米称为暴雨

dà bào yǔ
大暴雨

rì jiàng yǔ liàng zài　　　　　　　háo mǐ chēng wéi dà bào yǔ
日降雨量在 100.0 ～ 249.9 毫米称为大暴雨

tè dà bào yǔ
特大暴雨

rì jiàng yǔ liàng zài　　　　háo mǐ jí yǐ shàng chēng wéi tè dà bào yǔ
日降雨量在 250.0 毫米及以上称为特大暴雨

wǒ de guān chá
【我的观察】

　　qǐng xiǎo péng yǒu guān chá zuì jìn de yí cì jiàng yǔ xiàn xiàng　　　nǐ néng tōng guò shēn biān shì wù zài
　　请小朋友观察最近的一次降雨现象。你能通过身边事物在

yǔ zhōng de biàn huà　　dà zhì miáo shù zhè cì jiàng yǔ de děng jí ma　　　zài hé xiǎo huǒ bàn jiāo liú yí
雨中的变化，大致描述这次降雨的等级吗？再和小伙伴交流一

xià nǐ tuī cè de yī jù
下你推测的依据。

jiàng yǔ shí jiān
降雨时间：_____

wǒ guān chá dào de xiàn xiàng
我观察到的现象：_____

wǒ tuī cè zhè cì jiàng yǔ de děng jí kě néng shì
我推测这次降雨的等级可能是：_____

wǒ tuī cè de yī jù shì
我推测的依据是：_____

☆ 评一评

píng jià wéi dù 评价维度	jù tǐ yāo qiú 具体要求	dá chéng qíng kuàng 达成情况
kē xué guān niàn 科学观念	néng dú dǒng tú biāo yǔ xiāng yìng de wén zì xìn xī　　zhī dào gēn 能读懂图标与相应的文字信息，知道根 jù jiàng yǔ liàng duō shǎo huà fēn de liù gè jiàng yǔ děng jí 据降雨量多少划分的六个降雨等级	☆
yǔ yán yùn yòng 语言运用	néng miáo shù zì jǐ guān chá dào de xiàn xiàng　　lè yú fēn xiǎng jiāo liú 能描述自己观察到的现象，乐于分享交流	☆
shù xué liàng gǎn 数学量感	néng lì yòng shēn biān shì wù gǎn zhī yǔ liàng de dà xiǎo　　pàn duàn 能利用身边事物感知雨量的大小，判断 jiàng yǔ děng jí 降雨等级	☆

35

yǒu shén me fāng fǎ néng jiào wéi zhǔn què de cè liáng jiàng yǔ liàng de duō shǎo ne
有什么方法能较为准确地测量降雨量的多少呢？

zhì zuò jiǎn yì yǔ liàng qì
制作简易雨量器

huó dòng cái liào
活动材料：

yǐ jīng cóng píng shēn jiǎn kāi de kuàng quán shuǐ
已经从瓶身剪开的矿泉水

píng zhí chǐ jì hào bǐ jiǎn dāo bái
瓶、直尺、记号笔、剪刀、白

zhǐ tòu míng jiāo dài
纸、透明胶带。

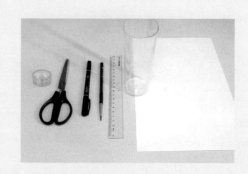

huó dòng bù zhòu
活动步骤：

zài bái zhǐ shang yòng zhí chǐ huì zhì kè dù
1.在白纸上用直尺绘制刻度

tiáo cháng dù wéi lí mǐ zuì xiǎo kè
条，长度为10厘米，最小刻

dù wéi háo mǐ
度为1毫米。

jiāng kè dù zhǐ tiáo jiǎn xià lái bìng zhān
2.将刻度纸条剪下来并粘

tiē zài píng shēn
贴在瓶身。

zài sù liào píng zhōng dào rù zì lái shuǐ zhì
3.在塑料瓶中倒入自来水至

líng kè dù xiàn chù
零刻度线处。

bǎ yǔ liàng qì fàng dào shì wài cè liáng
4.把雨量器放到室外，测量

jiàng yǔ liàng
降雨量。

huó dòng jié guǒ
活动结果：

cè dé de jiàng yǔ liàng shì háo mǐ
测得的降雨量是＿＿＿＿＿毫米。

gēn jù cè dé de jiàng yǔ liàng pàn duàn yǔ de děng jí
根据测得的降雨量，判断雨的等级。

píng jià wéi dù 评价维度	jù tǐ yāo qiú 具体要求	dá chéng qíng kuàng 达成情况
shí jiàn tàn jiū 实践探究	néng àn zhào shí yàn bù zhòu zhì zuò jiǎn yì yǔ liàng qì 能按照实验步骤制作简易雨量器	☆
	néng zhǔn què cè chū jiàng yǔ liàng de duō shǎo 能准确测出降雨量的多少	☆
yīng yòng yì shí 应用意识	néng gēn jù jiàng yǔ liàng pàn duàn yǔ de děng jí 能根据降雨量判断雨的等级	☆

第4课 雨与人类
yǔ yǔ rén lèi

阅读与交流
yuè dú yǔ jiāo liú

kàn kan xià tú　　shuō yi shuō nǐ　yǒu shén me gǎn shòu
看看下图，说一说你有什么感受？

zài lái dú yi dú zhè xiē shù jù ba　　dú wán zhī hòu　　yǔ xiǎo huǒ bàn jiāo liú nǐ de
再来读一读这些数据吧！读完之后，与小伙伴交流你的
gǎn shòu
感受。

shuǐ zī yuán wèn tí　yǐ chéng wéi jǔ shì zhǔ mù de zhòng yào wèn tí zhī yī　　dì qiú biǎo miàn yuē
水资源问题已成为举世瞩目的重要问题之一。地球表面约
yǒu　　　de miàn jī wéi shuǐ suǒ fù gài　　qí yú yuē zhàn dì qiú biǎo miàn　　de lù dì yě
有70%的面积为水所覆盖，其余约占地球表面30%的陆地也
yǒu shuǐ cún zài　　dàn zhǐ yǒu　　　de shuǐ shì gōng rén lèi　lì yòng de dàn shuǐ　　bǐ jiào róng yì
有水存在，但只有2.53%的水是供人类利用的淡水。比较容易
kāi fā lì yòng de　　yǔ rén lèi shēng huó shēng chǎn guān xì zuì wéi mì qiè de hú pō　　hé liú hé qiǎn
开发利用的、与人类生活生产关系最为密切的湖泊、河流和浅

céng dì xià dàn shuǐ zī yuán　　zhǐ zhàn dàn shuǐ zǒng chǔ liàng de　　　　　　　hái bú dào quán qiú shuǐ zǒng
层地下淡水资源，只占淡水总储量的 0.34%，还不到全球水总

liàng de wàn fēn zhī yī　　yīn cǐ　　dì qiú shang de dàn shuǐ zī yuán bìng bù fēng fù
量的万分之一。因此，地球上的淡水资源并不丰富。

　　shuǐ zī yuán shì fēi cháng zhēn guì de　　yě shì jí qí yǒu xiàn de　　rú guǒ wǒ men dōu bú zhòng
　　水资源是非常珍贵的，也是极其有限的。如果我们都不重

shì shuǐ zī yuán　　nà me dì qiú shang zuì hòu de yì dī shuǐ　　jiù huì shì rén lèi de yǎn lèi
视水资源，那么地球上最后的一滴水，就会是人类的眼泪。

　　xiǎo péng yǒu　　jié hé shēng huó shí jì　　qǐng nǐ kāi dòng xiǎo nǎo jīn　　xiě jǐ tiáo zài shēng huó
　　小朋友，结合生活实际，请你开动小脑筋，写几条在生活

zhōng jié yuē yòng shuǐ de jiàn yì huò biāo yǔ ba
中节约用水的建议或标语吧。

wǒ de jiàn yì
我的建议： _____

_____

_____

jié shuǐ biāo yǔ
节水标语： _____

_____

_____

39

píng jià wéi dù 评价维度	jù tǐ yāo qiú 具体要求	dá chéng qíng kuàng 达成情况
yǔ yán yùn yòng 语言运用	néng jié hé zì jǐ de shēng huó jīng lì tí chū hé lǐ de 能结合自己的生活经历，提出合理的 jié shuǐ jiàn yì hé biāo yǔ bìng lè yú fēn xiǎng jiāo liú 节水建议和标语，并乐于分享交流	☆
kē xué guān niàn 科学观念	néng cóng tú piàn hé wén zì zhōng tí qǔ xìn xī gǎn shòu shuǐ 能从图片和文字中提取信息，感受水 zī yuán de duǎn quē yǔ zhēn guì 资源的短缺与珍贵	☆

yóu yú shuǐ xún huán   dì qiú shang shuǐ de zǒng liàng bú biàn   dàn shì měi
由于水循环，地球上水的总量不变，但是每
gè dì qū de yǔ shuǐ fēn bù huì bù píng héng   yǒu de dì fang huì yīn bào yǔ dǎo
个地区的雨水分布会不平衡，有的地方会因暴雨导
zhì hóng lào zāi hài   yǒu de dì fang zé huì yīn yǔ shuǐ xī shǎo yǐn qǐ hàn zāi
致洪涝灾害，有的地方则会因雨水稀少引起旱灾。

zài yǔ shuǐ xī quē de dì fang   gāi rú hé chōng fèn
在雨水稀缺的地方，该如何充分
lì yòng shuǐ zī yuán ne
利用水资源呢？

tōng guò jìng huà shuǐ lái   lì yòng shuǐ zī yuán
通过净化水来利用水资源。

mó nǐ shuǐ de jìng huà
模拟 水 的净化

shí yàn cái liào
实验材料：

liáng bēi　　shí lì　　huó xìng tàn
量杯、石粒、活性炭、

shā zi　　wū shuǐ　　dī shuǐ gài yí gè
沙子、污水、滴水盖一个

kě yǐ jiāng gài zi yòng xì tiě xiàn jiā rè
（可以将盖子用细铁线加热

zuān xiǎo kǒng dài tì　　shā bù
钻小孔代替）、沙布。

shí yàn bù zhòu
实验步骤：

jiāng xiǎo liáng bēi fàng zài zhuō zi shang　　rán
1. 将小量杯放在桌子上，然

hòu zài xiǎo liáng bēi shàngmian tào fàng yí gè zì zhì de
后在小量杯上面套放一个自制的

xiǎo lòu bēi　　lòu bēi zhōng yī cì fàng rù shā bù
小漏杯，漏杯中依次放入纱布、

shā zi　　huó xìng tàn　　shí lì
沙子、活性炭、石粒。

jiǎn yì de jìng shuǐ zhuāng zhì jiù
2. 简易的净水装置就

zuò hǎo le　　zài zhuāng zhì zhōng dào rù
做好了，在装置中倒入

wū shuǐ bìng guān chá fā shēng de biàn huà
污水并观察发生的变化。

shí yàn jié guǒ
实验结果：

guān chá dào wū shuǐ
观察到污水_____。

zhǎn shì yǔ jiāo liú
展示与交流

wǒ zhì zuò de shuǐ de jìng huà zuò pǐn
我制作的水的净化作品

☆ 评一评

píng jià wéi dù 评价维度	jù tǐ yāo qiú 具体要求	dá chéng qíng kuàng 达成情况
shí jiàn tàn jiū 实践探究	néng gēn jù shí yàn bù zhòu jìng huà wū shuǐ 能根据实验步骤净化污水	☆
	néng miáo shù guān chá dào de shí yàn xiàn xiàng 能描述观察到的实验现象	☆
tài dù zé rèn 态度责任	néng yǔ tóng bàn hé zuò wán chéng shí yàn 能与同伴合作完成实验	☆

雨水是人类生活中重要的淡水资源，植物也要靠雨露的滋润而茁壮成长。但暴雨造成的洪水也会给人类带来巨大的灾难。

淹没房屋等建筑，危害生命和财产安全。

地下停车场进水，造成财产损失。

淹没农田，导致作物减产减收。

阻碍交通，可能导致交通事故发生。

你知道暴雨天哪些自我保护小妙招呢？

单元自主探究

　　雨季，是指一年中降水相对集中的季节。我国江淮地区6、7月就有独特的梅雨季节。梅雨季节给一些花卉的种养带来了麻烦，由于盆栽土壤少而且相对封闭，大量的雨水很容易造成土壤排水不畅从而导致积水烂根。

　　怎样知道盆栽积水过多呢？盆栽中多余的水还能循环利用吗？能设计一个"智能"防积水盆栽吗？

　　请在小组内交流想法，并把你的创意画下来。

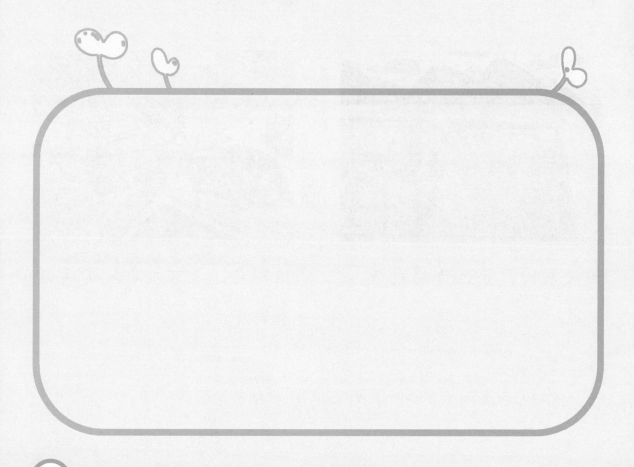

猜一猜

cāi yi cāi

xiǎo xiǎo bái huā tiān shang zāi
小小白花天上栽，

yí yè běi fēng huā shèng kāi
一夜北风花盛开。

qiān biàn wàn huà liù gè bàn
千变万化六个瓣，

piāo ya piāo ya luò xià lái
飘呀飘呀落下来。

xiǎo péng yǒu nǐ cāi dào zhè shì shén me le ma
小朋友，你猜到这是什么了吗？

45

单元主题

xuě

雪

pàn wàng zhe　　　pàn wàng zhe　　shàng hǎi de xuě zǒng shì shānshān lái chí
盼望着，盼望着，上海的雪总是姗姗来迟。

nǐ zhī dào ma　　　zǔ guó nán běi bù tóng dì yù de xuě jǐng dōu gè bù xiāngtóng
你知道吗？祖国南北不同地域的雪景都各不相同。

xuě shì rú hé xíng chéng de　　xuě yǒu nǎ xiē tè diǎn　　rú guǒ zài xuě tiān chū xíng　　wǒ men
雪是如何形成的？雪有哪些特点？如果在雪天出行，我们

yòu gāi zhù yì shén me ne
又该注意什么呢？

dài nǐ qù kàn xuě
带你去看雪

yuè dú yǔ shǎng xī
阅读与赏析

piāo wǔ de xuě huā wèi dōng tiān zēng tiān le róu měi yǔ huó lì qǐng nǐ xuǎn zé yí gè dì fang
飘舞的雪花为冬天增添了柔美与活力。请你选择一个地方

de xuě jǐng zhàoyàng zi shuō yi shuō nǐ kàn dào de xuě shì shén me yàng de ne
的雪景，照样子说一说，你看到的雪是什么样的呢?

dōng běi de xuě jǐng
东北的雪景

lì
例:

wǒ xǐ huan dōng běi de xuě jǐng
我喜欢 东北 的雪景,

nàr de xuě hòu hòu de zhēnxiàngmián bèi
那儿的雪 厚厚的，真像棉被。

shā mò de xuě jǐng
沙漠的雪景

hángzhōu de xuě jǐng
杭州的雪景

wǒ xǐ huan
我喜欢 _____（哪里）的雪景，
nà li de xuě jǐng

nàr de xuě
那儿的雪 _____

zěn me yàng
（怎么样）。

chóng qìng de xuě jǐng
重庆的雪景

📖 读一读

yān shān xuě huā dà rú xí
燕山雪花大如席，
piàn piàn chuī luò xuānyuán tái
片片吹落轩辕台。
táng lǐ bái　　běi fēng xíng
——唐·李白《北风行》

wēi fēng yáo tíng shù　　xì xuě xià lián xì
微风摇庭树，细雪下帘隙。
yíng kōng rú wù zhuǎn　　níng jiē sì huā jī
萦空如雾转，凝阶似花积。
nán běi cháo　　wú jūn　　yǒng xuě
——南北朝·吴均《咏雪》

💬 说一说

nǐ néng jiāng gǔ shī yǔ tú piàn zhèng què pǐ pèi ma　　shuō yi shuō nǐ xuǎn zé de yī jù
你能将古诗与图片正确匹配吗？说一说你选择的依据。

☆ 评一评

píng jià wéi dù 评价维度	jù tǐ yāo qiú 具体要求	dá chéng qíng kuàng 达成情况
shěn měi chuàng zào 审美创造	néng jiè zhù tú piàn biǎo dá zì jǐ duì xuě de rèn shi 能借助图片，表达自己对雪的认识	☆
shěn měi gǎn zhī 审美感知	néng gǎn zhī huì huà zuò pǐn zhōng de měi shù yǔ yán yǔ xíng xiàng 能感知绘画作品中的美术语言与形象	☆
	néng biàn xī huì huà zuò pǐn zhōng chuán dì de xìn xī yǔ shī jù 能辨析绘画作品中传递的信息，与诗句 zhèng què pǐ pèi 正确匹配	☆
yǔ yán yùn yòng 语言运用	néng zhèng què lǎng dú shī jù shuō chū nán fāng yǔ běi fāng xuě tiān 能正确朗读诗句，说出南方与北方雪天 de tè diǎn 的特点	☆

chuàng yì yǔ biǎo xiàn
创意与表现

👄 说一说

nǐ zhī dào xià tú shì nǎ ge dì fang de xuě jǐng ma   wèi shén me
你知道下图是哪个地方的雪景吗？为什么？

做一做

yǐ xiǎo zǔ wéi dān wèi　　xuǎn zé nǐ zuì xǐ huan de yí gè chéng shì de xuě jǐng　　jié hé
以小组为单位，选择你最喜欢的一个城市的雪景，结合
zì jǐ zài xià xuě tiān zuò de shì qing　　lì yòng zōng hé cái liào chuàng zuò yí jiàn lì tǐ de xuě jǐng
自己在下雪天做的事情，利用综合材料创作一件立体的雪景
zuò pǐn
作品。

cái liào zhǔn bèi
材料准备：

wǎ léng zhǐ ruò gān　　bái sè yán liào　　yán liào shuā　　hēi sè jì hào bǐ　　qiān bǐ　　jiǎn
瓦楞纸若干、白色颜料、颜料刷、黑色记号笔、铅笔、剪
dāo　　jiāo shuǐ　　tòu míng jiāo dài　　chāo qīng nián tǔ ruò gān
刀、胶水、透明胶带、超轻黏土若干。

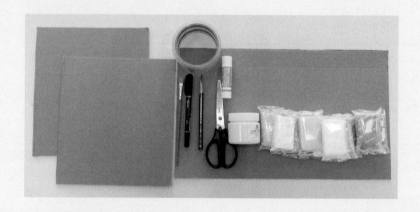

zhì zuò bù zhòu
制作步骤：

xuǎn zé wǒ guó mǒu gè chéng shì　　shōu jí yì zhāng gāi chéng shì de xuě jǐng zhào piàn
1. 选择我国某个城市，收集一张该城市的雪景照片。

2. 将建筑、山等景观画在硬卡纸上，并剪下来。注意留出最下方的立体结构。

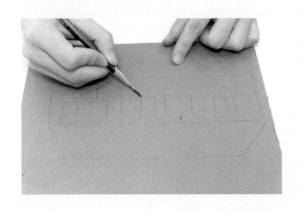

ān quán tí shì
安全提示

shǐ yòng jiǎn dāo
使用剪刀
zhù yì ān quán
注意安全

3. 利用白色颜料与超轻黏土制造出积雪的感觉。

4. 利用搓、团、揉等技法，用超轻黏土制作出雪人。

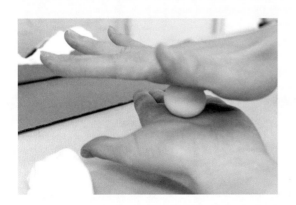
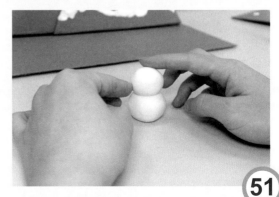

5. 将房屋、山、雪人等粘贴在底板上。

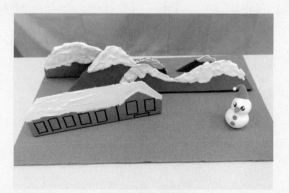

jiāng bái sè yán liào tú zài dǐ bǎn shang　biǎo xiàn jī xuě de yàng zi
6. 将白色颜料涂在底板上，表现积雪的样子。

tiān jiā xì jié　wán chéng zuò pǐn
7. 添加细节，完成作品。

👁 秀一秀

zhè ge chéng shì de xuě jǐng shì shén me yàng zi de　rén men zài xià xuě tiān huò xuě dì li zuò

这个城市的雪景是什么样子的？人们在下雪天或雪地里做

shén me ne

什么呢？

☆ 评一评

píng jià wéi dù 评价维度	jù tǐ yāo qiú 具体要求	dá chéng qíng kuàng 达成情况
shěn měi gǎn zhī 审美感知	néng xīn shǎng shè yǐng zuò pǐn bìng gǎn zhī bù tóng chéng shì de xuě 能欣赏摄影作品并感知不同城市的雪 jǐng zhī měi 景之美	☆
chuàng yì shí jiàn 创意实践	néng lián xì xiàn shí shēng huó zhǎn kāi xiǎngxiàng　bìng hé zuò wán 能联系现实生活展开想象，并合作完 chéng lì tǐ xuě jǐng zuò pǐn 成立体雪景作品	☆
wén huà lǐ jiě 文化理解	néng gǎn wù lì tǐ xuě jǐng zuò pǐn suǒ fǎn yìng de zhōng guó mǒu 能感悟立体雪景作品所反映的中国某 dì xuě jǐng zhī měi　zēngqiáng wén huà zì xìn 地雪景之美，增强文化自信	☆

xuě cóng nǎ lǐ lái
雪从哪里来

yuè dú yǔ jiāo liú
阅读与交流

wèi shén me dōng tiān huì xià xuě ne
为什么冬天会下雪呢?

dōng tiān de wēn dù jiào dī   gāo kōng yún céng de wēn dù jiù
冬天的温度较低, 高空云层的温度就

gèng dī le   yún zhōng de shuǐ qì dòng jié chéng le xiǎo bīng jīng huò xiǎo
更低了。云中的水汽冻结成了小冰晶或小

xuě huā   xiǎo xuě huā zēng dà dào yí dìng chéng dù shí   qì liú jiù
雪花, 小雪花增大到一定程度时, 气流就

tuō bú zhù tā le   xuě huā jiù huì cóng yún céng li diào luò xià lái
托不住它了。雪花就会从云层里掉落下来。

zhè jiù shì xià xuě lā
这就是下雪啦!

想一想

降雪量是气象观测人员用标准容器将 12 小时或 24 小时内采集到的雪化成水后，测量得到的数值，以毫米为单位。根据降雪量的不同，一般可将降雪分为小雪、中雪、大雪、暴雪、大暴雪、特大暴雪六个等级。

在天气预报中，我们可以用怎样的图标来区分降雪等级呢？

1. 比一比，下列不同图标的区别。
2. 画一画，暴雪图标是什么样的呢？

小雪

中雪

大雪

暴雪

56

píng jià wéi dù 评价维度	jù tǐ yāo qiú 具体要求	dá chéngqíngkuàng 达成情况
yǔ yán yùn yòng 语言运用	tōng dú wén zì　　yòng zì　jǐ　de　huà shuō chū dōng tiān huì　xià 通读文字，用自己的话说出冬天会下 xuě　de　yuán yīn 雪的原因	☆
sī wéi néng lì 思维能力	néng tōng guò fēn xī　bǐ jiào huì zhì chū bào xuě tú biāo 能通过分析比较绘制出暴雪图标	☆
tài dù zé rèn 态度责任	néng zài xué xí zhōng bǎo chí hào qí xīn hé tàn jiū rè qíng 能在学习中保持好奇心和探究热情	☆

shí jiàn yǔ chuàng yì
实践与创意

ràng wǒ men yì　qǐ yòng shí yán lái mó
让我们一起用食盐来模

nǐ xuě huā de xíng chéng ba
拟雪花的形成吧！

shí yàn cái liào
实验材料：

tòu míng dà shuǐ guàn　　bái sè niǔ niǔ bàng　　bái sè　xì shéng　jiǎn dāo　　qiān bǐ　　fèi
透明大水罐、白色扭扭棒、白色细绳、剪刀、铅笔、沸
shuǐ　shí yán　　yě kě yòng bái táng dài tì　　sháo zi　　sè sù　lán sè　　jiǎo bàn bàngděng
水、食盐（也可用白糖代替）、勺子、色素（蓝色）、搅拌棒等。

实验步骤：

1. 用扭扭棒和绳子做出一个你心中的"雪花"，注意不要做得
太大，要确保"雪花"能放进水罐中。

 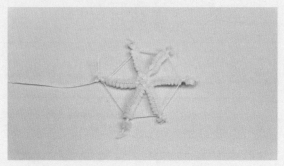

2. 拿一根细绳，绑住"雪花"的一端并挂在铅笔上，使"雪
花"可以在水罐中保持悬挂状态。

3. 将沸水倒入水罐，加入一勺食盐。用搅拌棒进行搅拌，使食
盐溶解，然后继续边搅拌边加入食盐，直到溶液饱和。接着，
在饱和溶液中滴入几滴色素。

<ruby>把 qiān<rt>bǎ</rt></ruby>

bǎ qiān bǐ jià zài shuǐ guàn biān yán   ràng   xuě huā   jìn mò zài róng yè zhōng   dì èr tiān
4.把铅笔架在水罐边沿，让"雪花"浸没在溶液中。第二天，

xuě huā   shang huì fù gài mǎn měi lì de jīng tǐ
"雪花"上会覆盖满美丽的晶体。

☆ 评一评

píng jià wéi dù 评价维度	jù tǐ yāo qiú 具体要求	dá chéng qíng kuàng 达成情况
láo dòng xí guàn 劳动习惯	néng ān quán guī fàn de shǐ yòng láo dòng gōng jù 能安全规范地使用劳动工具	☆
láo dòng pǐn zhì 劳动品质	néng xiǎo zǔ fēn gōng hé zuò wán chéng xuě huā de zhì zuò 能小组分工合作完成"雪花"的制作	☆
chuàng yì shí jiàn 创意实践	néng shè jì zhì zuò chū xíng tài gè yì de xuě huā 能设计制作出形态各异的雪花	☆

第3课 多变的雪花
duō biàn de xuě huā

观察与绘图
guān chá yǔ huì tú

仔细观察，下面的雪花有什么共同点和不同点吗？
zǐ xì guān chá，xià mian de xuě huā yǒu shén me gòngtóng diǎn hé bù tóng diǎn ma

我发现，所有雪花的样式都不同。
wǒ fā xiàn，suǒ yǒu xuě huā de yàng shì dōu bù tóng

虽然雪花和雪花之间有所不同，
suī rán xuě huā hé xuě huā zhī jiān yǒu suǒ bù tóng

但同一朵雪花六瓣上的图案都相同。
dàn tóng yì duǒ xuě huā liù bàn shang de tú àn dōu xiāngtóng

读一读

威尔逊·本特利是世界上第一个拍摄雪花晶体的科学家，
wēi ěr xùn běn tè lì shì shì jiè shang dì yī gè pāi shè xuě huā jīng tǐ de kē xué jiā

他一生中拍摄了超过五千张雪花晶体的照片。人们从这些照片
tā yì shēngzhōng pāi shè le chāo guò wǔ qiānzhāng xuě huā jīng tǐ de zhàopiàn rén men cóng zhè xiē zhàopiàn

中发现，每片雪花都是独一无二的。
zhōng fā xiàn měi piàn xuě huā dōu shì dú yī wú èr de

60

qǐng nǐ gēn jù guān chá dào de xuě huā de gòng tóng diǎn　jiāng xià liè tú àn huà wán zhěng
请你根据观察到的雪花的共同点，将下列图案画完整。

tú xíng xiāng tóng bù fēn yǒu guī lǜ de jìn
图形相同部分有规律地进
xíng chóng fù　　jiù chēng tā jù yǒu duì chèn xìng
行重复，就称它具有对称性。

wǒ men bǎ zhè yàng de tú xíng chēng wéi liù
我们把这样的图形称为六
biān xíng　　yě jiào liù jiǎo xíng
边形，也叫六角形。

yòng xiàn duàn jiāng měi yí bàn xuě huā de xiāng lín dǐng diǎn lián jiē qǐ lái　　yí gòng yào yòng
用线段将每一瓣雪花的相邻顶点连接起来，一共要用
dào　　tiáo xiàn duàn
到＿＿＿条线段。

xuě huā shì yì zhǒng jīng tǐ　　yóu yú bīng fēn zǐ yǐ liù jiǎo xíng wéi duō　　yīn ér xíng
雪花是一种晶体，由于冰分子以六角形为多，因而形
chéng de xuě huā yě dà dōu shì liù jiǎo xíng de
成的雪花也大都是六角形的。

61

píng jià wéi dù 评价维度	jù tǐ yāo qiú 具体要求	dá chéng qíng kuàng 达成情况
jǐ hé zhí guān 几何直观	néng lì yòng xuě huā de duì chèn xìng jiāng tā de tú àn bǔ chōng wán zhěng 能利用雪花的对称性将它的图案补充完整	☆
kōng jiān guān niàn 空间观念	néng tōng guò huì tú zhī dào xuě huā de xíng zhuàng shì liù jiǎo xíng de 能通过绘图知道雪花的形状是六角形的	☆

chuàng yì yǔ biǎo xiàn 创意与表现

zhōng guó jiǎn zhǐ shì yì zhǒng yòng jiǎn dāo huò kè dāo zài zhǐ shang jiǎn
中国剪纸是一种用剪刀或刻刀在纸上剪
kè huā wén yòng yú zhuāng diǎn shēng huó de mín jiān yì shù shì zhōng guó
刻花纹，用于装点生活的民间艺术，是中国
fēi wù zhì wén huà yí chǎn zhī yī yě shì rén lèi fēi wù zhì wén huà
非物质文化遗产之一，也是人类非物质文化
yí chǎn zhī yī
遗产之一。

做一做

nǐ néng shì zhe tōng guò zhé dié cǎi zhǐ jiǎn chū yì duǒ shǔ yú nǐ de dú yī wú èr de xuě
你能试着通过折叠彩纸，剪出一朵属于你的独一无二的雪
huā ma
花吗？

cái liào zhǔn bèi
材料准备：

cǎi zhǐ jiǎn dāo qiān bǐ
彩纸、剪刀、铅笔。

zhì zuò bù zhòu
制作步骤：

jiāng zhǐ duì zhé chéng sān jiǎo xíng
1.将纸对折成三角形。

zài fēn bié zuǒ yòu duì zhé
2. 再分别左右对折。

yòng qiān bǐ huà chū yí bàn xuě huā de xíng zhuàng
3. 用铅笔画出一瓣雪花的形状。

jiāng qí jiǎn xià   wán chéng zuò pǐn
4. 将其剪下，完成作品。

想一想

wèi shén me yǒu xiē xuě huā jiǎn chū lái shì sǎn jià de ne   nǐ néng bāng zhù zhǎo chū yuán yīn ma
为什么有些雪花剪出来是散架的呢？你能帮助找出原因吗？

néng yǔ dà jiā fēn xiǎng yí xià nǐ chénggōng de jīng yàn ma
能与大家分享一下你成功的经验吗？

☆ 评一评

píng jià wéi dù 评价维度	jù tǐ yāo qiú 具体要求	dá chéng qíng kuàng 达成情况
láo dòng xí guàn 劳动习惯	néng ān quán guī fàn de shǐ yòng láo dònggōng jù 能安全规范地使用劳动工具	☆
chuàng yì shí jiàn 创意实践	néng yùn yòng zhé dié jiǎn zhǐ de fāng fǎ jiǎn chū chuàng yì xuě 能运用折叠剪纸的方法剪出创意雪 huā zuò pǐn 花作品	☆
wén huà lǐ jiě 文化理解	zài tǐ yàn zhōng guó fēi wù zhì wén huà yí chǎn jiǎn zhǐ yì 在体验中国非物质文化遗产剪纸艺 shù de guò chéngzhōng shù lì wén huà zì xìn 术的过程中，树立文化自信	☆

shēng huó zhōng wǒ men jiàn dào de xuě zǒng shì jié bái hé chún jìng de dàn shì xiǎo péng
生活中，我们见到的雪总是洁白和纯净的。但是，小朋

yǒu nǐ men zhī dào ma xuě bù zǒng shì bái de yǒu shí hou tā yě huì tuō xià yín zhuāng huàn
友，你们知道吗？雪不总是白的，有时候它也会脱下银装，换

shàng wǔ yán liù sè de yī shang
上五颜六色的衣裳。

nián nán jí hóng xuě
1959年南极红雪

nián nán jí lù xuě
2020年南极绿雪

🔗 知识链接

gǔ jīn zhōng wài bù shǎo dì fang dōu chū xiàn guò wǔ yán liù sè de xuě yǒu yīn
古今中外，不少地方都出现过五颜六色的雪。有因

hóng zǎo wū rǎn xíng chéng de hóng xuě yǒu yīn lù zǎo wū rǎn xíng chéng de lù xuě hái yǒu
红藻污染形成的红雪、有因绿藻污染形成的绿雪，还有

hēi xuě huáng xuě děng qí tā yán sè de xuě ér zào chéng zhè xiē cǎi sè xuě de yuán yīn
黑雪、黄雪等其他颜色的雪。而造成这些彩色雪的原因

dōu yǔ huán jìng wū rǎn yǒu guān yǒu xìng qù de tóng xué kě yǐ zì xíng zhǎn kāi diào chá
都与环境污染有关。有兴趣的同学可以自行展开调查。

说一说

请你说一说彩色雪产生的原因吧！

☆ 评一评

píng jià wéi dù 评价维度	jù tǐ yāo qiú 具体要求	dá chéng qíng kuàng 达成情况
kē xué guān niàn 科学观念	zhī dào cǎi sè xuě shì rén lèi de wū rǎn xíng wéi dǎo zhì de 知道彩色雪是人类的污染行为导致的	☆
tài dù zé rèn 态度责任	zēng qiáng bǎo hù huán jìng de zé rèn gǎn 增强保护环境的责任感	☆

xuě tiān de fán nǎo
雪天的烦恼

yuè dú yǔ jiāo liú
阅读与交流

xuě tiān huì gěi dà jiā de chū xíng hé shēng huó dài lái xǔ duō bú biàn　　nǐ zhī dào xuě tiān huì
雪天会给大家的出行和生活带来许多不便。你知道雪天会
dài lái nǎ xiē má fan ma
带来哪些麻烦吗？

lù miàn jī xuě
路面积雪

chē shēn jī xuě
车身积雪

dà péng jī xuě
大棚积雪

zhá jī jī xuě
闸机积雪

67

wài chū qián zuò hǎo fáng hán bǎo nuǎn gōng zuò
外出前做好防寒保暖工作。

zǒu lù shí bǎo chí zhòng xīn fáng zhǐ diē dǎo
走路时保持重心，防止跌倒。

pèi dài hù mù jìng fáng zhǐ qiáng guāng
佩戴护目镜，防止强光
shāng yǎn
伤眼。

bái máng máng de dà xuě tiān dì miàn
白茫茫的大雪天，地面
huì dà liàng fǎn shè yáng guāng jiù hǎo xiàng dì
会大量反射阳光，就好像地
shang yě yǒu gè tài yáng yí yàng zǒu zài xuě
上也有个太阳一样。走在雪
dì li wǒ men bù jǐn bèi tóu dǐng de tài yáng
地里，我们不仅被头顶的太阳
zhào zhe hái yào bèi dì shang de xuě fǎn shè de
照着，还要被地上的雪反射的
yáng guāng zhào zhe yīn cǐ bù jǐn yào zuò
阳光照着。因此，不仅要做
hǎo fáng shài hái yào hǎo hǎo bǎo hù yǎn jīng
好防晒，还要好好保护眼睛！

☆ 评一评

píng jià wéi dù 评价维度	jù tǐ yāo qiú 具体要求	dá chéng qíng kuàng 达成情况
yǔ yán yùn yòng 语言运用	néng tōng guò yuè dú shuō chū xuě tiān de zhù yì shì xiàng 能通过阅读说出雪天的注意事项	☆
kē xué guān niàn 科学观念	néng jiě shì xuě tiān chū xíng fáng hù de kē xué rèn shi 能解释雪天出行防护的科学认识	☆
tài dù zé rèn 态度责任	néng zài xué xí zhōng bǎo chí hào qí xīn hé tàn jiū rè qíng 能在学习中保持好奇心和探究热情	☆

zài shēng huó zhōng　wèi le shǐ jī xuě xùn sù róng huà　rén men huì zài xuě shang sǎ　yì céng hòu
在生活中，为了使积雪迅速融化，人们会在雪上撒一层厚

hòu de yán
厚的盐。

ràng wǒ men yì　qǐ yòng bīng kuài zuò yí　gè xiǎo shí yàn ba
让我们一起用冰块做一个小实验吧！

shí yàn cái liào
实验材料：

shuǐ　　gè xiāng tóng de bēi
水、2个相同的杯

zi　shí yán
子、食盐。

shí yàn bù zhòu
实验步骤：

zhǔn bèi　　gè bēi zi　fàng
1. 准备2个杯子，放

rù xiāng tóng róng liàng de shuǐ　fàng zhì yú
入相同容量的水。放置于

bīng xiāng lěng dòng shì　yì wǎn shang　shǐ bēi
冰箱冷冻室一晚上，使杯

zhōng de shuǐ quán bù biàn chéng bīng kuài
中的水全部变成冰块。

2. 在其中一个杯子里撒上食盐，另一个杯子不加任何东西。

3. 静置五分钟，仔细观察。

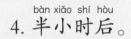

4. 半小时后。

5. 一小时后。

一小时后，撒上食盐的冰块会变成什么呢？动手试一试吧！

说一说

1. 在上述实验中，你发现了什么？

2. 为什么撒盐可以融雪呢？

知识链接

撒盐融雪是利用了盐的特点。当盐撒在雪上时，由于盐的可溶性和吸潮性，会吸收雪表面的水分，从而使盐开始溶化。当盐与雪一同溶化成盐水后，由于盐水的凝固温度比水低，盐水很难结冰形成冰层。

评一评

评价维度	具体要求	达成情况
探究实践	能通过实验验证自己的设想	☆
态度责任	能在学习中保持好奇心和探究热情	☆
科学观念	能用自己的语言描述撒盐融雪的原理	☆

单元自主探究

漫天飘舞的雪花落在地上会变成积雪，给我们的出行和生活带来很多不便。但是你知道吗？积雪也会给人类带来很多益处。

你听过"瑞雪兆丰年"吗？厚厚的雪花盖住青青的麦苗，可以为冬天的小麦提供一个良好的越冬环境，来年定是一个丰收年。

此外，雪花还会为人类带来哪些益处呢？

请在小组内交流想法，然后写一写、画一画吧！

第四单元

气温影响你和我，
热冷暖凉变化多。
跟着明明与强强，
观察记录和探索。

单元主题

qì wēn

气温

nǐ píng shí guān zhù guò qì wēn ma tōng guò nǎ xiē gōng jù kě yǐ zhī dào qì wēn de gāo
你平时关注过气温吗？通过哪些工具可以知道气温的高
dī tóng yī shí jiān bù tóng dì diǎn de qì wēn xiāng tóng ma tóng yī dì diǎn bù tóng shí jiān
低？同一时间、不同地点的气温相同吗？同一地点、不同时间
de qì wēn biàn huà yòu yǒu zěn yàng de guī lǜ ne cóng cháng qī de guān chá hé jì lù lái kàn qì
的气温变化又有怎样的规律呢？从长期的观察和记录来看，气
wēn zhèng zài fā shēng zěn yàng de biàn huà wǒ men yòu gāi yòng zěn yàng de cuò shī qù yìng duì qì wēn de
温正在发生怎样的变化？我们又该用怎样的措施去应对气温的
biàn huà ne
变化呢？

kōng qì yě yǒu tǐ wēn
空气也有"体温"?

yuè dú yǔ jiāo liú
阅读与交流

读一读

wēn dù shì zhǐ wù tǐ de lěng rè chéng dù
温度，是指物体的冷热程度。

tā de dān wèi shì shè shì dù kě yǐ yòng
它的单位是摄氏度，可以用"℃"

lái biǎo shì yǒu shí rén men yě yòng huá shì dù zuò wéi
来表示，有时人们也用华氏度作为

wēn dù de dān wèi yòng biǎo shì
温度的单位，用"°F"表示。

qì wēn gù míng sī yì shì kōng qì wēn dù
气温，顾名思义，是空气温度

de jiǎn chēng biǎo shì kōng qì de lěng rè chéng dù
的简称，表示空气的冷热程度。

qì wēn jì shì kě yǐ pàn duàn hé cè liáng qì wēn
气温计是可以判断和测量气温

de zhuān yòng gōng jù qí zhǒng lèi duō yàng yǒu bō li
的专用工具，其种类多样，有玻璃

guǎn qì wēn jì shù zì qì wēn jì děng
管气温计、数字气温计等。

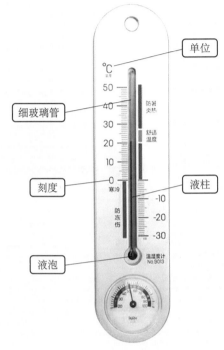
bō li guǎn qì wēn jì
玻璃管气温计

shù zì qì wēn jì
数字气温计

说一说

rén de tǐ wēn yì bān zài
人的体温一般在36~37 ℃。

shuǐ fèi téng shí de wēn dù yì bān shì
水沸腾时的温度一般是100 ℃。

75

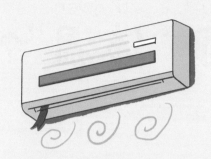

kōng tiáo lǐ lùn tiáo jié de wēn dù zài
空调理论调节的温度在
zhī jiān
16~31 ℃之间。

tōng cháng bīng xiāng lěng cáng shì de wēn dù zài
通常冰箱冷藏室的温度在
zhī jiān
5~15 ℃之间；
bīng xiāng lěng dòng shì de wēn dù zài
冰箱冷冻室的温度在
zhī jiān
−24~−4 ℃之间。

tōng cháng jiào wéi shū shì de xǐ zǎo shuǐ de
通常较为舒适的洗澡水的
wēn dù zài   zhī jiān
温度在34~40 ℃之间。

nǐ hái zhī dào shēng huó zhōng
你还知道生活中
nǎ xiē cháng jiàn wù tǐ de wēn dù
哪些常见物体的温度？

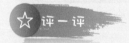

☆ 评一评

píng jià wéi dù 评价维度	jù tǐ yāo qiú 具体要求	dá chéng qíng kuàng 达成情况
kē xué guān niàn 科学观念	zhī dào qì wēn shì zhǐ kōng qì de wēn dù zhī dào qì wēn 知道气温是指空气的温度，知道气温 jì shì cè liáng qì wēn de zhuān yòng gōng jù 计是测量气温的专用工具	☆
tài dù zé rèn 态度责任	néng duì qì wēn jì de shǐ yòng chǎn shēng xìng qù 能对气温计的使用产生兴趣	☆

nǐ zhī dào bō li guǎn qì wēn jì de shǐ yòng bù zhòu ma
你知道玻璃管气温计的使用步骤吗？

dì yī bù guān chá
第一步：观察
bō li guǎn qì wēn jì de
玻璃管气温计的
cè liáng fàn wéi hé fēn dù zhí
测量范围和分度值
měi yì xiǎo gé duì yìng de
（每一小格对应的
wēn dù zhí
温度值）。

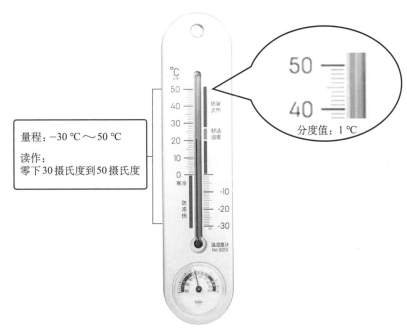

量程：-30 ℃～50 ℃

读作：
零下30摄氏度到50摄氏度

分度值：1 ℃

dì èr bù jiāng qì wēn jì gù dìng fàng
第二步：将气温计固定放
zhì yú suǒ cè huán jìng zhōng
置于所测环境中。

ān quán tí shì
安全提示
qīng ná qīng fàng
轻拿轻放

77

dì sān bù zǐ xì guān chá yè zhù de biàn
第三步：仔细观察液柱的变
huà dài yè zhù wěn dìng hòu píng shì dú shù
化。待液柱稳定后，平视读数。

此时的气温是20 ℃

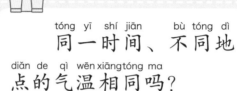

tóng yī shí jiān bù tóng dì
同一时间、不同地
diǎn de qì wēn xiāng tóng ma
点的气温相同吗？

jiǎ shè wǒ men cāi cè tóng yī shí jiān bù tóng dì diǎn de qì wēn
假设：我们猜测，同一时间、不同地点的气温
xiāng tóng bù tóng
相同（ ）/ 不同（ ）。

cè liáng cóng sān gè chǎng jǐng zhōng xuǎn zé yí gè dì diǎn yòng bō li guǎn qì wēn jì cè liáng
测量：从三个场景中选择一个地点，用玻璃管气温计测量
cǐ shí de qì wēn
此时的气温。

jiào shì li
教室里

jì lù
记录

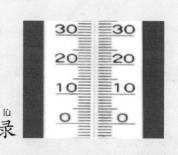

78

yángguāng xia　　jì lù
阳光下　　记录

shù yīn xia　　jì lù
树荫下　　记录

说一说

tóng yī shí jiān　　bù tóng dì diǎn de qì wēn
同一时间、不同地点的气温 _____
xiāngtóng　 bù tóng
(相同 / 不同)。

☆ 评一评

píng jià wéi dù 评价维度	jù tǐ yāo qiú 具体要求	dá chéng qíng kuàng 达成情况
tàn jiū shí jiàn 探究实践	xué huì yòng bō li guǎn qì wēn jì cè liáng tóng yī shí jiān 学会用玻璃管气温计测量同一时间、 bù tóng dì diǎn de qì wēn néng duì jì lù de shù jù jìn 不同地点的气温，能对记录的数据进 xíng jiǎn dān de bǐ jiào fēn xī 行简单的比较、分析	☆
tài dù zé rèn 态度责任	yǎngchéng rú shí jì lù guān cè shù jù de xí guàn 养成如实记录观测数据的习惯	☆

气象部门通常按照地面气象观测场的环境条件要求，建立气象观测场。在开阔草地上架设高1.5米左右的百叶箱，进行气温观测。

yì tiān de qì wēn
一天的气温

yuè dú yǔ jiāo liú
阅读与交流

📖 读一读

shù zì qì wēn jì shì cè liáng qì wēn de zhuānyòng yí qì jiāng wēn dù chuán gǎn qì yǔ shù xiǎn
数字气温计是测量气温的专用仪器。将温度传感器与数显

mó kuài lián yòng kě yǐ gèngbiàn jié de pàn duàn hé cè liáng qì wēn
模块连用，可以更便捷地判断和测量气温。

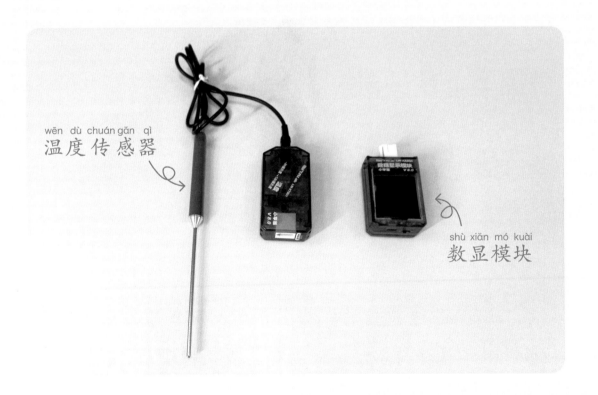

wēn dù chuán gǎn qì
温度传感器

shù xiǎn mó kuài
数显模块

市面上有很多不同品牌的数字气温计，以下为其中一种的使用步骤：

第一步：将温度传感器与数显模块相连。

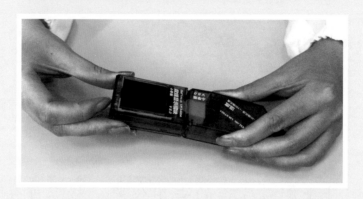

第二步：打开数显模块侧面的开关。

第三步：将传感器的探头置于所测环境中，探头不触碰其他物体且尽量保持不动。仔细观察数显模块示数，待示数不再变化后，读数并做记录。

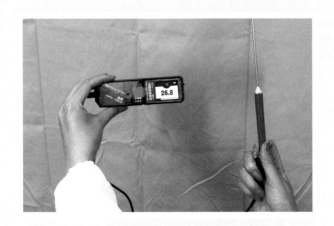

jiào shì qì wēn
教室气温

shàng wǔ   xià wǔ   shí   fēn   wǒ men
（上午 / 下午）_____时_____分，我们

suǒ cè dé de jiào shì li de qì wēn shì
所测得的教室里的气温是_____℃。

píng jià wéi dù 评价维度	jù tǐ yāo qiú 具体要求	dá chéng qíng kuàng 达成情况
tàn jiū shí jiàn 探究实践	néng zhèng què shǐ yòng shù zì qì wēn jì cè liáng jiào shì li 能正确使用数字气温计测量教室里 de qì wēn 的气温	☆
tài dù zé rèn 态度责任	lè yú shǐ yòng shù zì qì wēn jì 乐于使用数字气温计	☆

tóng yī dì diǎn   bù tóng shí
同一地点、不同时
jiān de qì wēn xiāng tóng ma
间的气温相同吗？

jiǎ shè   wǒ men cāi cè   tóng yī dì diǎn   bù tóng shí jiān de qì wēn
假设：我们猜测，同一地点、不同时间的气温
xiāng tóng   bù tóng
相同（   ）/ 不同（   ）。

cè liáng   yòng shù zì qì wēn jì cè liáng yì tiān zhōng   gè bù tóng shí jiān de qì wēn bìng
测量：用数字气温计测量一天中5个不同时间的气温并
jì lù
记录。

shí jiān 时间	8:00	10:00	12:00	14:00	16:00
qì wēn 气温 dān wèi （单位：℃）					

tóng yī dì diǎn   bù tóng shí jiān de qì wēn

同一地点、不同时间的气温＿＿＿＿＿＿

xiāngtóng   bù tóng

(相同 / 不同)。

nǐ men hái yǒu gèng duō de fā xiàn ma

你们还有更多的发现吗？

píng jià wéi dù 评价维度	jù tǐ yāo qiú 具体要求	dá chéng qíng kuàng 达成情况
tàn jiū shí jiàn 探究实践	xué huì yòng shù zì qì wēn jì cè liáng tóng yī dì diǎn bù 学会用数字气温计测量同一地点、不 tóng shí jiān de qì wēn néng duì jì lù de shù jù jìn xíng 同时间的气温，能对记录的数据进行 jiǎn dān de bǐ jiào fēn xī 简单的比较、分析	☆
tài dù zé rèn 态度责任	yǎng chéng rú shí jì lù guān cè shù jù de xí guàn 养成如实记录观测数据的习惯	☆

tōng guò fēn xī qián mian de biǎo gé nǐ néng zhǎo
通过分析前面的表格，你能找
dào yì tiān zhōng nǎ ge shí jiān de qì wēn zuì gāo ma
到一天中哪个时间的气温最高吗？

wèi shén me yì tiān zhōng bú shì zhèng wǔ shí qì wēn zuì gāo ne
为什么一天中不是正午12时气温最高呢？

知识链接

zhèng wǔ shí tài yáng zhí shè dì miàn dàn zhèng wǔ shí bìng bú shì yì tiān
正午12时，太阳直射地面，但正午12时并不是一天
zhōng zuì rè de shí kè yì bān yì tiān de zuì gāo qì wēn wǎng wǎng chū xiàn zài xià wǔ shí
中最热的时刻，一般一天的最高气温往往出现在下午2时
zuǒ yòu zhè shì wèi shén me ne
左右。这是为什么呢？

zhèng wǔ shí tài yáng fú shè zuì qiáng yáng guāng chuí zhí zhào shè dì miàn dàn
正午12时，太阳辐射最强，阳光垂直照射地面，但
shì kōng qì zhǐ néng xī shōu yáng guāng zhí shè de hěn xiǎo yí bù fēn rè liàng gèng duō de rè
是空气只能吸收阳光直射的很小一部分热量，更多的热
liàng bèi dì miàn xī shōu le dì miàn xī shōu de rè liàng zài shì fàng chū lái qù hōng rè kōng
量被地面吸收了，地面吸收的热量再释放出来，去烘热空
qì hái xū yào yí duàn shí jiān yīn cǐ tōng cháng xià wǔ shí zuǒ yòu de qì wēn cái
气，还需要一段时间。因此，通常下午2时左右的气温才
shì yì tiān dāng zhōng zuì gāo de
是一天当中最高的。

第3课　qì wēn yǔ shēng huó 气温与生活

yuè dú yǔ jiāo liú
阅读与交流

📖 读一读

qì wēn guò gāo
气温过高

qì wēn guò dī
气温过低

—— 冻疮

qì wēn guò gāo huò guò dī dōu huì duì rén lèi zhí wù dòng wù děng zào chéng yí dìng de yǐng xiǎng
气温过高或过低都会对人类、植物、动物等造成一定的影响。

qì wēn guò gāo duì rén tǐ jiàn kāng huì yǒu zěn yàng de yǐng xiǎng ne
气温过高对人体健康会有怎样的影响呢？

87

周围环境气温的高低与人体健康密切相关。当气温达到35 ℃以上，即高温情况下，会对人体造成一定的危害。例如，人在高温下由于热平衡和水盐代谢紊乱，会引发中枢神经系统和心血管系统障碍，产生急性热致疾病，即中暑。

人在极端高温环境下可能出现重症中暑甚至死亡。

我们可以用哪些办法来应对高温天气呢？

1. 切忌长时间在太阳下裸晒皮肤，应做好防晒。

2. 应在口渴之前就补充水分。

3. 要注意出现头晕、恶心、口干、迷糊等症状时，应怀疑是中暑早期症状，需立即休息，喝适量凉水降温，病情严重的要前往医院治疗。

nǐ hái yǒu nǎ xiē duì kàng
你还有哪些对抗

gāo wēn de fāng fǎ
高温的方法？

píng jià wéi dù 评价维度	jù tǐ yāo qiú 具体要求	dá chéng qíng kuàng 达成情况
kē xué guān niàn 科学观念	zhī dào qì wēn guò gāo duì rén lèi shēng huó de yǐng xiǎng 知道气温过高对人类生活的影响	☆
tài dù zé rèn 态度责任	shù lì zhēn ài shēngmìng de yì shí 树立珍爱生命的意识	☆

diào chá yǔ jiāo liú
调查与交流

nán jí dà lù
南极大陆

nán jí dà lù   yǐ shàng de miàn jī bèi
南极大陆95%以上的面积被
fēi cháng hòu de bīng xuě suǒ fù gài   zhè lǐ qì hòu
非常厚的冰雪所覆盖，这里气候
yì cháng hán lěng   lì nián lái de píng jūn qì wēn
异常寒冷，历年来的平均气温
wéi   zhè lǐ hái shi dì qiú shang fēng lì
为 −25 ℃。这里还是地球上风力
zuì dà de dì qū   zhí wù nán yǐ zài cǐ shēng zhǎng
最大的地区，植物难以在此生长，
zhǐ yǒu fēi cháng nài hán de dòng wù zài cǐ jū zhù
只有非常耐寒的动物在此居住，
shì wéi yī méi yǒu rén lèi dìng jū de dà lù
是唯一没有人类定居的大陆。

北极 (běi jí)

北极泛指北极圈以北的广大地区。北极地区常年寒冷，是世界上人口最稀少的地区之一，因纽特人在这里世代繁衍。北极熊和北极狐等动物也在这里生活。

查一查低温对人类的生产、生活，以及动植物有哪些影响。

与同学分享你的发现吧！

wǒ diào chá de shì dī wēn duì
我调查的是低温对＿＿＿＿＿＿＿＿＿＿

rén lèi shēngchǎn　　rén lèi
（人类生产 / 人类

shēng huó　　dòng zhí wù　　de yǐng xiǎng
生活 / 动植物）的影响。

wǒ fā xiàn　　　　kě yòng tú huà yǔ wén zì de xíng shì miáo shù
我发现：（可用图画与文字的形式描述）

评一评

píng jià wéi dù 评价维度	jù tǐ yāo qiú 具体要求	dá chéng qíng kuàng 达成情况
kē xué guān niàn 科学观念	zhī dào qì wēn guò dī duì rén lèi de shēngchǎn hé shēng huó yǐ 知道气温过低对人类的生产和生活以 jí dòng zhí wù de yǐng xiǎng 及动植物的影响	☆
tàn jiū shí jiàn 探究实践	néng gè rén diào chá chū dī wēn duì rén lèi de shēngchǎn hé shēng 能个人调查出低温对人类的生产和生 huó yǐ jí dòng zhí wù de yǐng xiǎng 活以及动植物的影响	☆
tài dù zé rèn 态度责任	lè yú hé tóng xué fēn xiǎng jiāo liú diào chá jié guǒ 乐于和同学分享交流调查结果	☆

第4课

地球在变暖还是变冷？
dì qiú zài biàn nuǎn
hái shi biàn lěng

阅读与交流
yuè dú yǔ jiāo liú

下图现象是什么原因造成的？
xià tú xiàn xiàng shì shén me yuán yīn zào chéng de

2022 年 3 月 15 日，南极洲东部出现异常气温。其中，康科
nián yuè rì nán jí zhōu dōng bù chū xiàn yì cháng qì wēn qí zhōng kāng kē
迪亚南极考察站测得气温飙升至 −11.8 ℃，比以往年份同期平
dí yà nán jí kǎo chá zhàn cè dé qì wēn biāo shēng zhì bǐ yǐ wǎng nián fèn tóng qī píng
均气温高出约 40 ℃。异常气温导致一块面积约为 1200 平方千
jūn qì wēn gāo chū yuē yì cháng qì wēn dǎo zhì yí kuài miàn jī yuē wéi píng fāng qiān
米的冰架完全崩落。冰架是与南极大陆相连的漂浮冰体，需要
mǐ de bīng jià wán quán bēng luò bīng jià shì yǔ nán jí dà lù xiāng lián de piāo fú bīng tǐ xū yào
数千年时间才会形成。大面积的冰架崩解会导致海平面上升。
shù qiān nián shí jiān cái huì xíng chéng dà miàn jī de bīng jià bēng jiě huì dǎo zhì hǎi píng miàn shàng shēng

北极的冬季漫长且寒冷，部分地区终年被冰雪覆盖着。北极是北极熊、北极狼等动物的栖息之地。但目前北极的海冰逐渐消融。与20世纪相比，北极海冰的面积减少了40%，生物的栖息地面积也大幅度减少，北极熊的数量也在逐渐减少。

我知道了：

_____

评价维度	具体要求	达成情况
科学观念	知道冰架崩落是气温飙升造成的	☆
	知道气温升高对动物栖息地和物种有影响	☆

93

biǎo gé zhōng de shù jù shì wǒ guó   nián de
表格中的数据是我国 2012—2021 年的
nián píng jūn qì wēn   duì bǐ shù jù   nǐ yǒu shén me fā xiàn
年平均气温。对比数据，你有什么发现？

nián fèn 年份	2012	2013	2014	2015	2016	2017	2018	2019	2020	2021
nián píng jūn 年平均 qì wēn 气温 (℃)	13.1	13.8	13.8	14.0	14.0	14.1	13.9	14.1	13.9	14.2

wǒ men rú hé néng gèng zhí guān de kàn
我们如何能更直观地看
chū shù jù de biàn huà ne
出数据的变化呢？

rú guǒ bǎ biǎo gé zhuǎn huàn chéng tǒng jì tú   jiù néng hěn
如果把表格转换成统计图，就能很
qīng xī de kàn chū shù jù de biàn huà le
清晰地看出数据的变化了。

qǐng nǐ gēn jù qián mian biǎo gé zhōng de shù jù jiāng tǒng jì tú zhōng kòng quē nián fèn de shù
请你根据前面表格中的数据，将统计图中空缺年份的数
jù bǔ chōng wán zhěng
据补充完整。

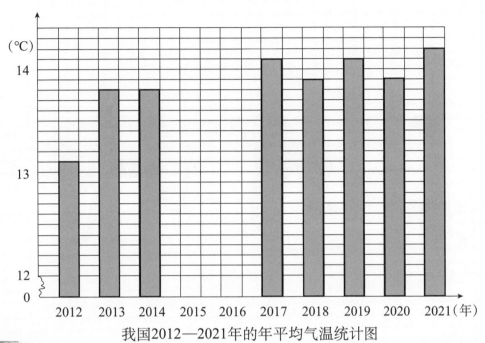

我国2012—2021年的年平均气温统计图

zǐ xì guān chá tǒng jì tú zhōng shù jù de biàn huà nǐ néng fā xiàn shén me ne
仔细观察统计图中数据的变化，你能发现什么呢？

cóng zhěng tǐ qū shì lái kàn wǒ guó nián
从整体趋势来看，我国年
píng jūn qì wēn shì zài zhú jiàn shēng gāo de
平均气温是在逐渐升高的。

wǒ de cāi xiǎng quán qiú huì zhú jiàn biàn nuǎn biàn lěng
我的猜想：全球会逐渐_____（变暖／变冷）。

查一查

nǎ xiē xíng wéi huì dǎo zhì quán qiú qì hòu biàn nuǎn
哪些行为会导致全球气候变暖？

想一想

yǒu nǎ xiē cuò shī kě yǐ jiǎn qīng quán qiú biàn nuǎn qū shì
有哪些措施可以减轻全球变暖趋势？

dī tàn chū xíng
低碳出行

zhí shù zào lín
植树造林

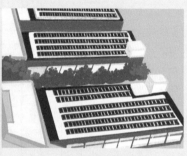

xīn néngyuán kāi fā
新能源开发

评一评

píng jià wéi dù 评价维度	jù tǐ yāo qiú 具体要求	dá chéngqíngkuàng 达成情况
shù jù yì shí 数据意识	néng fā xiàn tǒng jì biǎozhōng suǒ yùn hán de xìn xī 能发现统计表中所蕴含的信息	☆
tuī lǐ yì shí 推理意识	néng tōng guò jiǎn dān guī nà shù jù biàn huà guī lǜ fā xiàn 能通过简单归纳数据变化规律，发现 quán qiú biàn nuǎn de qū shì 全球变暖的趋势	☆
tài dù zé rèn 态度责任	shù lì bǎo hù huán jìng de yì shí 树立保护环境的意识	☆

xué qī huó dòng
学期活动

gēn jù běn xué qī de xué xí nèi róng   lái
根据本学期的学习内容，来

huì zhì yí fèn qì xiàng xiǎo bào ba
绘制一份气象小报吧！

dān yuán huí gù
单元回顾

wǒ zhī dào le
我知道了：

_____

_____

wǒ zhī dào le
我知道了：

_____

_____

fēng
风

yǔ
雨

qì wēn
气温

xuě
雪

wǒ zhī dào le
我知道了：

_____

_____

_____

wǒ zhī dào le
我知道了：

_____

_____

_____

97

què dìng xiǎo bào zhǔ tí
确定小报主题：

_____

_____

qì xiàng xiǎo bào huì huà huò zhān tiē chù
气象小报绘画或粘贴处：

气象乐学家

下册

姚凤　刘依婷◎编著

低年级注音版

气象出版社
China Meteorological Press

图书在版编目（CIP）数据

气象乐学家 / 姚凤，刘依婷编著. -- 北京 ：气象
出版社，2023.4（2024.11重印）
ISBN 978-7-5029-7945-4

Ⅰ．①气… Ⅱ．①姚… ②刘… Ⅲ．①气象学－儿童
读物 Ⅳ．①P4-49

中国国家版本馆CIP数据核字（2023）第051556号

气象乐学家（下册）
QIXIANG LEXUEJIA (XIACE)

出版发行：气象出版社

地　　址：北京市海淀区中关村南大街 46 号　　　　邮　　编：100081

电　　话：010-68407112（总编室）　　010-68408042（发行部）

网　　址：http://www.qxcbs.com　　　　　　E-mail： qxcbs@cma.gov.cn

责任编辑：宿晓风　　　　　　　　　　　　　　　终　审：张　斌

责任校对：张硕杰　　　　　　　　　　　　　　　责任技编：赵相宁

封面设计：楠竹文化　　　　　　　　　　　　　　绘　图：秦　赞　庄晶易　陈姣睿

印　　刷：北京地大彩印有限公司

开　　本：787 mm × 1092 mm　1/16　　　　　　印　张：13.25

字　　数：190 千字

版　　次：2023 年 4 月第 1 版　　　　　　　　　印　次：2024 年 11 月第 2 次印刷

定　　价：48.00 元（上下册）

　　"今日晴间多云，最高气温25 ℃，最低气温
12 ℃……"这是大家最为熟悉和直观的对气象的印
象和了解。"碧玉妆成一树高，万条垂下绿丝绦。不
知细叶谁裁出，二月春风似剪刀。"一首诗道出了
诗人眼中的和煦春风。名画《风雨归舟图》中，黑
色的线条勾勒出群山中气势磅礴的暴雨，疾风呼
啸，风生水起，画家心中的疾风骤雨跃然纸上。这
是大家在文学艺术作品中感受的创意气象。气象是
奇妙的，是多彩的，是幻化的，是与人们生产生活
息息相关的。气象更是科学的，严谨的。气象事业
是科技型、基础性、先导性社会公益事业，气象工
作关系生命安全、生产发展、生活富裕、生态良
好，关乎着防灾减灾救灾、农业、交通、能源、旅

游等社会发展的方方面面。

党的二十大报告提出"积极参与应对气候变化全球治理"，营造安全家园是人类共同的梦想，与自然灾害抗争是人类共同面对的挑战。加强防灾减灾工作，科学开发利用气候资源，是人类永续发展的永恒课题，更是气象工作的国之大者、责之首要。我们期待今天的青少年儿童能够有担当共同面对挑战，有能力主动迎接挑战；我们也期待今天的青少年儿童中能够涌现出未来气象事业高质量发展的接班人。

本人曾有幸于2022年11月到上海市闵行区七宝镇明强小学实地参观学习，亲眼见证了一堂妙趣横生的现代小学生实践课，被老师们精彩的课程设计和精妙讲解，以及同学们的开放科学思维和实践动手能力深深吸引。

明强小学的老师们是睿智的。他们关注了气象科普教育这个独特的领域，带着孩子们走近气象、关注气象、研究气象，气象也因此走进了孩子们的生活。通过引导孩子们积极参与学校创设的各种气象活动，帮助他们提高科学探究能力，养成耐心细

致、实事求是的科学态度，形成一定的科学思维能力，更激发了孩子们亲近自然、保护自然的勇气，以及热爱生活、创造生活的信心。

　　明强小学的老师们是前瞻的。他们在上海市气象学会的专业指导下，精心编撰了这本能够拉近孩子与气象科学距离的气象科普读本——《气象乐学家》。该书有三个非常巧妙之处：一妙在内容贴近学生，以孩童视角精选了雨、云、雪、雾等常见的天气现象，用通俗易懂的语言来解释这些现象及其蕴含的科学知识，还融入了气象防灾减灾的相关内容，让孩子们从小树立起关注气象灾害、主动防灾减灾的意识；二妙在涉及领域丰富，作者充分关注孩子的认知发展水平，设计了不同领域的趣味活动，有艺术活动、文学活动、科学活动，从不同视角感知气象之奥妙，让孩子们从感性认识到理性认知，在气象世界中探索；三妙在关注实践操作，"纸上得来终觉浅，绝知此事要躬行"，书中活动类型以实践操作为主，包括观测、制作、实验、绘画等，让孩子们能够真正动起手来，让气象在课堂中生动呈现。

这样的气象科普读本，一定会受到孩子们的喜爱，吸引他们走近气象科学，爱上气象科学，感悟气象之诗情画意，探索气象之博大精深。衷心希望孩子们在科学精神和科学家精神指引下健康成长，也期盼着有更多更好的科普校本课程转变成科普读本，以飨读者！

　　是为序。

中国气象学会秘书长　王金星

2023 年 3 月

上海市闵行区七宝镇明强小学创办于1905年。学校以"审美、超越"为核心办学理念，以"明事理、明自我、强体魄、强精神"为校训，深入推进教育改革，逐步确立了"智慧管理、校园四季、幸福教师、和美课堂"四项核心改革工程。

　　近年来，学校在教育部重点课题"发达地区公办小学劳动教育养成体系的实践研究"的整体思考下，聚焦上海地区小学生的真实问题，确立了相适应的劳动观念、劳动习惯、劳动情感和劳动能力四大养成目标，又根据发达地区的地域特色和新时代特征，把需要培养的劳动内容归类成生活性劳动、生产性劳动、服务性劳动、管理性劳动、创意性劳动五大方面，并着重从劳动类型选择、实施方式路径、劳动素养达成三大方面切入推进。一方面，依托国家基础课程对共同性问题给予引导，促进学科间渗透，使劳动教育润物细无声；另一方面，开发劳动教育校本课程，关注重点突出问题，通过专项学习和活动设计，重视劳动教育过程，努力实现教学做合一。

作为全国"气象教育特色学校"，明强小学正是在劳动教育校本课程探索视野下致力于气象科学系列课程的实践与研究。学校聚焦科学观念、探究实践、科学思维、责任态度等核心素养，开发了阶梯成长式的气象科学系列课程：一年级"玩中学"，在体验中激发气象科学探究兴趣；二年级"做中学"，在实践探究中构建科学观念，积累探究实践能力；三、四年级"用中学"，在解决实际问题中内化科学知识，提高科学思维；五年级"创中学"，尝试用科学改变生活、创造美好。我们期待孩子们可以拾级而上，在气象科学之峰的攀登中获得核心素养的全面提升。

为了更好地拓展气象科普教育、普及气象科学知识、提升防灾减灾意识，明强小学将阶梯成长式的气象科学系列课程转化成相应的科普读本。《气象乐学家》便是该系列中适用于低年级学生的气象科普读本。本书旨在通过风、雨、雪、气温、云、雾、霜、湿度八大主题单元，带领小学低年级学生走进气象科学领域的大门，去探寻奥妙无穷的万千气象。

本书不仅聚焦科学，聚焦新型视角的创造性劳动体验，更体现出跨领域性、实践性和趣味性，从科学、艺术、数学、文学等多个不同领域切入，引导学生开展与气象相关的系列实践体验活动。例如，在"云"主题单元的学习中，我们鼓励孩子们从诗歌诵读中认识云、从借鉴想象中创作祥云艺术作品、在一只烧杯中模拟"制造"云、在数学计算中区分云量的多少……从不同视角探秘气象科学，通过艺术创作、劳动实践、科学实验、科学制作等不同方式的实践活动，让孩子们能够在玩玩、做做中思考与成长，也让原本高深奥妙的气象科学世界充满了别样的色彩和奇妙的魅力。

习近平总书记强调："要在教育'双减'中做好科学教育加法，激发青少年好奇心、想象力、探求欲，培育具备科学家潜质、愿意献身科学研究事业的青少年群体。"希望《气象乐学家》等气象科学系列读本在小学生的童年中增添一抹独特的科学之美，让气象之光点亮孩童的科学梦想。

姚凤　刘依婷

2023 年 3 月

目 录

第一单元

第二单元

第三单元

第四单元

第一单元

猜一猜
cāi yi cāi

xiàng shì yān lái méi yǒu huǒ
像是烟来没有火，

shuō shì yǔ lái yòu bú luò
说是雨来又不落。

yǒu shí néng zhē bàn biān tiān
有时能遮半边天，

yǒu shí zhǐ jiàn yì duǒ duǒ
有时只见一朵朵。

xiǎo péng yǒu   nǐ cāi dào zhè shì shén me le ma
小朋友，你猜到这是什么了吗？

1

单元主题

yún

云

tiān shang yún duǒ yí piàn piàn   zī tài wàn qiān   biàn huà wú cháng
天上云朵一片片，姿态万千，变化无常。

ràng wǒ men cóng shī zhōng pǐn yún   cóng wén zhōng shǎng yún
让我们从诗中品云，从纹中赏云。

yún cóng nǎ lǐ lái   tā men shì zěn yàng xíng chéng de   wǒ men néng tōng guò shí yàn zì jǐ
云从哪里来？它们是怎样形成的？我们能通过实验自己

zhì zào   yún   ma   wèi shén me yún yǒu bù tóng de yán sè   gǔ rén shì rú hé guān yún shí
制造"云"吗？为什么云有不同的颜色？古人是如何观云识

tiān de
天的？

第1课 探寻云纹的历史
tàn xún yún wén de lì shǐ

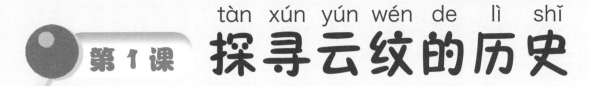

阅读与感知
yuè dú yǔ gǎn zhī

云纹图案来源于我国古代的云纹。
yún wén tú àn lái yuán yú wǒ guó gǔ dài de yún wén

这种图案简单独特，有祥瑞的寓意，表达
zhè zhǒng tú àn jiǎn dān dú tè yǒu xiáng ruì de yù yì biǎo dá

了人们对万事万物的祝福和对美好生活的向往。
le rén men duì wàn shì wàn wù de zhù fú hé duì měi hǎo shēng huó de xiàngwǎng

 读一读

古代的 云纹
gǔ dài de   yún wén

云纹是我国丰富多彩的装饰纹样中典型的一种，古代漆
yún wén shì wǒ guó fēng fù duō cǎi de zhuāng shì wén yàngzhōng diǎn xíng de yì zhǒng gǔ dài qī

器、玉器、衣饰中常会用到。漫长的历史中衍生出不同的云纹
qì yù qì yī shì zhōngcháng huì yòng dào màncháng de lì shǐ zhōng yǎn shēng chū bù tóng de yún wén

形态。
xíng tài

商周时期的云雷纹体现了人们对自然和祖先的崇拜，主要出现在青铜器上。

商 伏鸟双尾青铜虎 江西省博物馆藏

与云雷纹相比，春秋战国时期的卷云纹更具动感，主要用于瓦当、玉器上。

战国 卷云纹龙形玉佩 安吉县博物馆藏

qín hàn shí qī de yún qì wén zhǔ yào chū xiàn zài qī qì　　wǎ dāngshang　wén yàng fán fù

秦汉时期的云气纹主要出现在漆器、瓦当上，纹样繁复，

yún wěi de chū xiàn shǐ wén yànggèng jù dòng tài hé qì shì

云尾的出现使纹样更具动态和气势。

xī hàn　　　 jūn xìng jiǔ　　yún wén qī ěr bēi　hú nán shěng bó wù guǎncáng

西汉 "君幸酒" 云纹漆耳杯 湖南省博物馆藏

suí táng shí qī de duǒ yún wén shì fēi cháng jiē jìn zì rán xíng tài de yún wén　　bèi guǎng fàn de

隋唐时期的朵云纹是非常接近自然形态的云纹，被广泛地

yòng yú fú shì　fǎng zhī pǐn děng gè lèi bǎi xìng rì chángshēng huó yòng jù de zhuāng shì

用于服饰、纺织品等各类百姓日常生活用具的装饰。

táng　 shuāng luán huā niǎo yún wén tóng jìng　píng liáng shì bó wù guǎncáng

唐 双鸾花鸟云纹铜镜 平凉市博物馆藏

宋元时期，由卷云纹和如意纹相结合发展而来的如意云纹，象征着幸福美满、吉祥如意的美好祝愿。

元 剔犀如意云纹漆盒 常熟博物馆藏

明清时期，更加注重纹样的组合和对称，体现云纹的飘逸感。团云纹由多个云头组合成一个完整纹样。叠云纹以均匀的波折曲线和层叠重复的勾卷线，将云纹组织在一起。

清 石青色四团彩云金龙纹妆花缎夹衮服（局部）
故宫博物院藏

xiàn dài de 现代的 yún wén 云纹

　　2008 年北京奥运会火炬的创作灵感来自祥云图案，蕴含着"渊源共生，和谐共融"的理念，被赋予了祥瑞的含义，借祥云传播祥和文化，传达"天地自然、人本内在、宽容豁达"的东方精神。

　　"云"与"运"谐音，代表吉祥福运。设计师用灵巧的双手，打造出极具中国特色的时尚服饰，寓意祥云瑞日、平步青云。

dú le shàngmian de wén zì　　duì zhào tú piàn zhōng dài yǒu yún wén de wù pǐn　　nǐ fā xiàn yún
读了上面的文字，对照图片中带有云纹的物品，你发现云

wén yǒu nǎ xiē biàn huà　　qǐng zài xià liè fāngkuàng nèi huà chū duì yìng de yún wén　　bìng tián shàng duì yìng
纹有哪些变化？请在下列方框内画出对应的云纹，并填上对应

de cháo dài
的朝代。

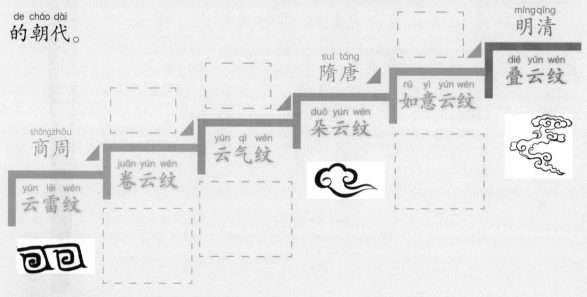

míng qīng
明清

suí táng
隋唐

dié yún wén
叠云纹

rú yì yún wén
如意云纹

duǒ yún wén
朵云纹

shāng zhōu
商周

yún qì wén
云气纹

juǎn yún wén
卷云纹

yún léi wén
云雷纹

píng jià wéi dù 评价维度	jù tǐ yāo qiú 具体要求	dá chéng qíng kuàng 达成情况
yǔ yán yùn yòng 语言运用	néng liú chàng yuè dú yún wén yǎn biàn lì shǐ　bìng yǔ huǒ 能流畅阅读云纹演变历史，并与伙 bàn jiāo liú yuè dú gǎn shòu 伴交流阅读感受	☆
sī wéi néng lì 思维能力	néng tōng guò yuè dú hé fēn xī　liǎo jiě yún wén de lì 能通过阅读和分析，了解云纹的历 shǐ yǎn biàn guò chéng 史演变过程	☆
shěn měi gǎn zhī 审美感知	néng gǎn shòu zhōng guó gǔ dài yì shù pǐn zhōng de yún wén zhī 能感受中国古代艺术品中的云纹之 měi　bìng cháng shì huà yi huà 美，并尝试画一画	☆
wén huà zì xìn 文化自信	zài jiāo liú yún wén yǎn biàn lì shǐ de guò chéng zhōng　tí 在交流云纹演变历史的过程中，提 shēng wén huà zì xìn 升文化自信	☆

chuàng yì yǔ biǎo xiàn
创意与表现

nǐ néng shuō yi shuō tú piàn zhōng
你能说一说图片中
de yún wén yùn yòng le nǎ ge cháo dài
的云纹运用了哪个朝代
de shén me yún wén ma
的什么云纹吗?

qǐng nǐ wèi zuì qīn jìn de rén shè jì yí jiàn dài yǒu yún wén de lǐ wù bìng sòng chū zuì měi
请你为最亲近的人设计一件带有云纹的礼物，并送出最美
hǎo de zhù fú
好的祝福。

huó dòng cái liào   qiān bǐ   xiàng pí   jì hào bǐ   shuǐ cǎi bǐ   qiān huà zhǐ
活动材料：铅笔、橡皮、记号笔、水彩笔、铅画纸。

huó dòng bù zhòu
活动步骤：

cǎi fǎng nǐ zuì qīn jìn de rén   wèn wen tā   tā xiǎng yào shén me yàng de lǐ wù
1. 采访你最亲近的人，问问他／她想要什么样的礼物。

wǒ cǎi fǎng le   tā   tā xiǎng yào
我采访了＿＿＿＿＿，他／她想要＿＿＿＿＿。

yòng yí jù huà miáo shù tā   tā de xiǎng fǎ
2. 用一句话描述他／她的想法。

＿＿＿＿＿＿＿＿＿＿＿＿＿＿＿＿＿＿＿＿。

xiǎo zǔ fēn xiǎng gè zì de chuàng yì
3. 小组分享各自的创意。

huà chū shè jì tú   jì tuō zhù fú
4. 画出设计图，寄托祝福。

sòng chū lǐ wù hé zhù fú   tīng ting tā   tā de píng jià
5. 送出礼物和祝福，听听他／她的评价。

zhè shì wǒ de zuò pǐn   wǒ cǎi fǎng le nǎi nai   liǎo jiě dào tā xiǎng yào yí gè bǎo
这是我的作品。我采访了奶奶，了解到她想要一个保
wēn bēi   wǒ gēn bà ba mā ma jiāo liú le zì jǐ de chuàng yì   jué dìng jiāng yún wén shè
温杯。我跟爸爸妈妈交流了自己的创意，决定将云纹设
jì chéng bēi zi de bǎ shǒu   wǒ jiāng zì jǐ de chuàng yì huì zhì chéng shè jì tú   sòng gěi
计成杯子的把手。我将自己的创意绘制成设计图，送给
le nǎi nai   xī wàng nǎi nai jiàn kāng píng ān   nǎi nai hěn xǐ huan wǒ de lǐ wù
了奶奶，希望奶奶健康平安。奶奶很喜欢我的礼物。

秀一秀

zuò pǐn míngchēng
作品名称：＿＿＿＿＿＿＿＿

zèngsòng duì xiàng
赠送对象：＿＿＿＿＿＿＿＿

jì tuō de zhù fú
寄托的祝福：＿＿＿＿＿＿＿＿

评一评

píng jià wéi dù 评价维度	jù tǐ yāo qiú 具体要求	dá chéng qíng kuàng 达成情况
yì shù biǎo dá 艺术表达	néng shè jì dài yǒu yún wén de lǐ wù biǎo dá měi hǎo 能设计带有云纹的礼物，表达美好 yuànwàng 愿望	☆
wén huà lǐ jiě 文化理解	néng gǎn shòu dài yǒu yún wén de wù pǐn suǒ yùn hán de yù 能感受带有云纹的物品所蕴含的寓 yì hé qíng gǎn chǎnshēng wén huà rèn tóng zēngqiáng wén 意和情感，产生文化认同，增强文 huà zì xìn 化自信	☆

11

第2课

duō biàn de yún
多变的云

chuàng yì yǔ biǎo xiàn
创意与表现

tiān shang yún duǒ yí piàn piàn yǒu de xiàng
天上云朵一片片，有的像

dà xiàng   yǒu de xiàng xiǎo gǒu hái yǒu de xiàng
大象，有的像小狗，还有的像

ài xīn
爱心……

做一做

guān chá tú zhōng de yún duǒ
观察图中的云朵，

shuō yi shuō tā xiàng shén me qǐng nǐ
说一说它像什么，请你

zài yún duǒ de nèi bù huò wài bù jìn
在云朵的内部或外部进

xíng tiān huà
行添画。

kě yǐ gēn jù yún duǒ de bù
可以根据云朵的不

tóng xíng zhuàng zhǎn kāi xiǎng xiàng zài
同形状展开想象，再

tiān huà
添画。

píng jià wéi dù 评价维度	jù tǐ yāo qiú 具体要求	dá chéng qíng kuàng 达成情况
shěn měi gǎn zhī 审美感知	néng gēn jù yún duǒ de xíng zhuàng fā huī xiǎngxiàng fā xiàn qí 能根据云朵的形状发挥想象，发现其 zhōng zhī měi 中之美	☆
yì shù biāo dá 艺术表达	néng yùn yòng nèi wài tiān huà de fāng fǎ kāi zhǎn yì shù chuàng zuò 能运用内外添画的方法开展艺术创作	☆

guān chá yǔ tàn jiū
观察与探究

tiān shang de yún huì fā shēng biàn huà ma
天上的云会发生变化吗？

qǐng nǐ jiāng guān chá dào de yún huà xià lái zhù yì huà chū tā de xíng zhuàng yǔ wèi zhì
请你将观察到的云画下来，注意画出它的形状与位置。

shí jiān
时间： ：

^{jǐ fēn zhōng hòu} ^{qǐng nǐ zài huà yi huà gāng cái nà duǒ yún} ^{shuō chū tā xíng zhuàng hé wèi zhì}
几分钟后，请你再画一画刚才那朵云，说出它形状和位置
^{de biàn huà}
的变化。

^{shí jiān}
时间：   ：

☆ 评一评

^{píng jià wéi dù} 评价维度	^{jù tǐ yāo qiú} 具体要求	^{dá chéng qíng kuàng} 达成情况
^{kē xué guān niàn} 科学观念	^{zhī dào yún de xíng zhuàng hé wèi zhì shì bú duàn biàn huà de} 知道云的形状和位置是不断变化的	☆
^{tàn jiū shí jiàn} 探究实践	^{néng cān zhào yí gè wù tǐ de wèi zhì lái què dìng lìng yí gè} 能参照一个物体的位置来确定另一个 ^{wù tǐ de wèi zhì} 物体的位置	☆

yún cóng nǎ lǐ lái
云从哪里来

tàn jiū yǔ shí yàn
探究与实验

读一读

yún shì yì zhǒng cháng jiàn de zì rán xiàn xiàng qǐng shuō yi shuō yún shì rú hé xíng chéng de
云是一种常见的自然现象。请说一说云是如何形成的。

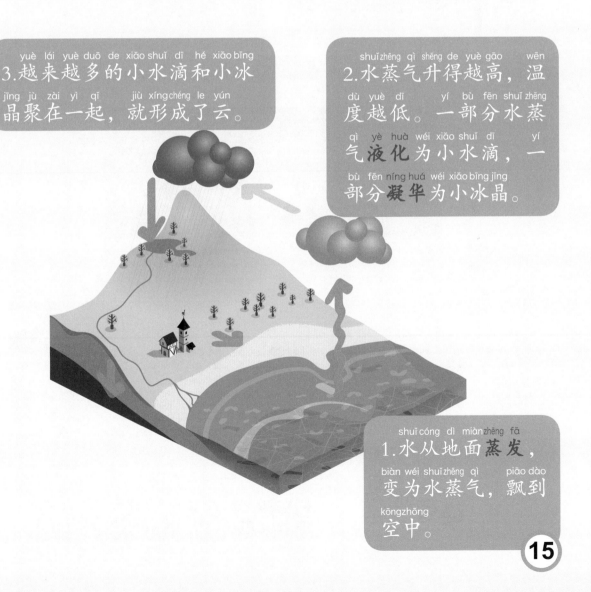

yuè lái yuè duō de xiǎo shuǐ dī hé xiǎo bīng
3.越来越多的小水滴和小冰
jīng jù zài yì qǐ jiù xíng chéng le yún
晶聚在一起，就形成了云。

shuǐ zhēng qì shēng de yuè gāo wēn
2.水蒸气升得越高，温
dù yuè dī yí bù fēn shuǐ zhēng
度越低。一部分水蒸
qì yè huà wéi xiǎo shuǐ dī yí
气液化为小水滴，一
bù fēn níng huá wéi xiǎo bīng jīng
部分凝华为小冰晶。

shuǐ cóng dì miàn zhēng fā
1.水从地面蒸发，
biàn wéi shuǐ zhēng qì piāo dào
变为水蒸气，飘到
kōng zhōng
空中。

15

zhēng fā　　wù zhì yóu yè tài zhuǎn huà wéi qì tài de xiàng biàn guò chéng
蒸发：物质由液态转化为气态的相变过程。

yè huà　　wù zhì yóu qì tài zhuǎn huà wéi yè tài de xiàng biàn guò chéng
液化：物质由气态转化为液态的相变过程。

níng huá　　wù zhì yóu qì tài zhí jiē zhuǎn huà wéi gù tài de xiàng biàn guò chéng
凝华：物质由气态直接转化为固态的相变过程。

做一做

ràng wǒ men lái dòngshǒu zhì zào yún ba
让我们来动手制造云吧！

shí yàn cái liào　　bō li píng　huǒ chái　mián qiān　kāi shuǐ　rè shuǐ　bīng kuài
实验材料：玻璃瓶、火柴、棉签、开水、热水、冰块。

shí yàn bù zhòu
实验步骤：

yòng kāi shuǐtàng yí xià bō li píng　zhī hòu bǎ
1. 用开水烫一下玻璃瓶，之后把
shuǐ dào diào
水倒掉。

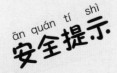
ān quán tí shì
安全提示

qǐng xiǎo xīn shǐ yòng kāi shuǐ hé rè shuǐ
请小心使用开水和热水

2. 在玻璃瓶中倒入热水。
zài bō li píngzhōng dào rù rè shuǐ

3. 用火柴点燃棉签。
yòng huǒ chái diǎn rán miánqiān

安全提示
ān quán tí shì

请小心使用火柴
qǐng xiǎo xīn shǐ yòng huǒ chái

4. 将棉签放入瓶中，停留几秒。
jiāngmiánqiānfàng rù píngzhōng tíng liú jǐ miǎo

5. 盖上瓶盖，并在瓶盖上放置冰块。
gài shàngpíng gài bìng zài píng gài shàngfàng zhì bīngkuài

6. 等待几秒后打开瓶盖，观察实验结果。
děng dài jǐ miǎohòu dǎ kāi píng gài guān chá shí yàn jié guǒ

píng jià wéi dù 评价维度	jù tǐ yāo qiú 具体要求	dá chéng qíng kuàng 达成情况
kē xué guān niàn 科学观念	néng zhī dào yún de xíng chéng guò chéng 能知道云的形成过程	☆
tàn jiū shí jiàn 探究实践	néng àn zhào bù zhòu wán chéng shí yàn mó nǐ yún de xíng chéng 能按照步骤完成实验模拟云的形成	☆
tài dù zé rèn 态度责任	néng ān quán shǐ yòng huǒ chái hé rè shuǐ 能安全使用火柴和热水	☆

yuè dú yǔ jiāo liú
阅读与交流

wèi shén me yǒu de yún shì bái sè de   yǒu de yún shì hēi sè de ne
为什么有的云是白色的，有的云是黑色的呢？

bái yún dà duō hěn báo   yáng guāng néng qīng sōng chuān guò
白云大多很薄，阳光能轻松穿过

yún céng   xiǎn de yún hěn bái
云层，显得云很白。

dāng yún zhōng de shuǐ dī zhú jiàn zēng duō   yún huì yīn
当云中的水滴逐渐增多，云会因

cǐ biàn de dà ér hòu   yáng guāng wú fǎ qīng yì chuān guò yún
此变得大而厚，阳光无法轻易穿过云

céng   yún kàn shàng qù jiù biàn de wū hēi le
层，云看上去就变得乌黑了。

wèi shén me yǒu de yún shì cǎi sè de ne
为什么有的云是彩色的呢?

知识链接

cǎi sè de yún shì yóu yú yángguāng shè rù dà qì céng　dà qì fēn zǐ hé wēi lì duì
彩色的云是由于阳光射入大气层,大气分子和微粒对

guāng jìn xíng sǎn shè zuò yòng　sǎn shè chū bù tóng yán sè de guāng　zhè xiē guāngzhào shè dào yún
光进行散射作用,散射出不同颜色的光,这些光照射到云

duǒ shang　jiù shǐ de yún duǒ kàn shàng qù wǔ cǎi bān lán
朵上,就使得云朵看上去五彩斑斓。

评一评

píng jià wéi dù 评价维度	jù tǐ yāo qiú 具体要求	dá chéng qíng kuàng 达成情况
kē xué guān niàn 科学观念	néng chū bù zhī dào guāng xiàn　kōng qì děng huì shǐ yún fā 能初步知道光线、空气等会使云发 shēng biàn huà 生变化	☆
tài dù zé rèn 态度责任	lè yú guān chá yǔ tàn jiū yún　gǎn shòu dà zì rán de 乐于观察与探究云,感受大自然的 qí miào 奇妙	☆

guān yún shí tiān
第4课 观云识天

yuè dú yǔ jiāo liú
阅读与交流

古时候，人们常常通过观察云的特征来判断天气。因此，云被称作天气的"预言家"，许多通过看云的形态来判断天气情况的谚语流传至今。

天上钩钩云，地上雨淋淋——钩卷云

天上灰布悬，雨丝定连绵——雨层云

天上鲤鱼斑，明日晒谷不用翻——透光高积云

<ruby>空<rt>kōng</rt></ruby><ruby>中<rt>zhōng</rt></ruby><ruby>鱼<rt>yú</rt></ruby><ruby>鳞<rt>lín</rt></ruby><ruby>天<rt>tiān</rt></ruby>，<ruby>不<rt>bù</rt></ruby><ruby>雨<rt>yǔ</rt></ruby><ruby>也<rt>yě</rt></ruby><ruby>风<rt>fēng</rt></ruby><ruby>颠<rt>diān</rt></ruby>——<ruby>卷<rt>juǎn</rt></ruby><ruby>积<rt>jī</rt></ruby><ruby>云<rt>yún</rt></ruby>

 查一查

nǐ hái zhī dào nǎ xiē yún de yàn yǔ ma
你还知道哪些云的谚语吗？

píng jià wéi dù 评价维度	jù tǐ yāo qiú 具体要求	dá chéng qíng kuàng 达成情况
wén huà zì xìn 文化自信	néng cóng yǒu guān yún de yàn yǔ zhōng gǎn shòu gǔ rén de 能从有关云的谚语中感受古人的 zhì huì 智慧	☆
tài dù zé rèn 态度责任	zài yuè dú yàn yǔ zhōng gǎn shòu dà zì rán de qí miào 在阅读谚语中感受大自然的奇妙	☆

gū liàng yǔ pàn duàn
估量与判断

读一读

yún liàng shì zhǐ yún zhē bì tiān kōng shì yě de chéng shù
云量是指云遮蔽天空视野的成数。

chéng shù shì shén me yì si ne
成数是什么意思呢?

bǎ néng guān chá dào de tiān kōng fēn chéng xiāng tóng de
把能观察到的天空分成相同的 10
gé yún liàng zhàn le qí zhōng de jǐ gé chéng shù jiù shì jǐ
格,云量占了其中的几格,成数就是几。

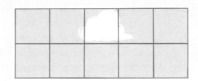

wǒ zhī dào le xiàng shàng tú zhōng de yún liàng zhàn le dà yuē gé
我知道了!像上图中的云量占了大约1格,
jiù biǎo shì yún liàng shì chéng
就表示云量是1成。

xià tú zhōng de yún liàngchéng shù dà yuē shì duō shǎo
下图中的云量成数大约是多少？

yún liàng chéng shù dà yuē wéi
云量成数大约为（　　　）。

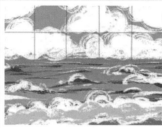

yún liàng chéng shù dà yuē wéi
云量成数大约为（　　　）。

想一想

qǐng nǐ gēn jù yún liàng yǔ tiān qì de duì yìng biǎo   pàn duàn xià tú zhōng de yún liàng hé
请你根据云量与天气的对应表，判断下图中的云量和
tiān qì
天气。

yún liàng　　　chéng shù 云量（成数）	0～2	3～5	6～8	9～10
tiān qì 天气	qíng tiān 晴天	shǎo yún 少云	duō yún 多云	yīn tiān 阴天

yún liàngchéng shù dà yuē wéi
云量成数大约为（　　　）。

tiān qì wéi
天气为（　　　　　）。

rì cháng shēng huó zhōng   wǒ men rú hé pàn duàn yún liàng ne
日常生活中，我们如何判断云量呢？

pàn duàn yún liàng shí   jiàn yì xuǎn zé néng kàn
判断云量时，建议选择能看
jiàn quán bù tiān kōng de kāi kuò dì dài jìn xíng guān cè
见全部天空的开阔地带进行观测。

wǒ men kě yǐ jiè zhù   hé fāng gé tú lái pàn duàn yún liàng
我们可以借助 📷 和方格图来判断云量。

píng jià wéi dù 评价维度	jù tǐ yāo qiú 具体要求	dá chéng qíng kuàng 达成情况
shù xué liàng gǎn 数学量感	néng lì yòng fāng gé tú chū bù pàn duàn yún liàng chéng shù 能利用方格图初步判断云量成数	☆
shù jù yì shí 数据意识	néng lǐ jiě yún liàng chéng shù yǔ tiān qì de duì yìng guān xì 能理解云量成数与天气的对应关系， bìng lì yòng yún liàng pàn duàn tiān qì 并利用云量判断天气	☆

单元自主探究

yún shì rú cǐ qí miào   yǔ tiān qì qíngkuàng xī xī xiāngguān   qǐng nǐ shì zhe zuò yì míng xiǎo xiǎo

云是如此奇妙，与天气情况息息相关。请你试着做一名小小

tiān qì yù bào yuán   yù bào yí xià wèi lái yì zhōu de tiān qì

天气预报员，预报一下未来一周的天气。

rì qī 日期	xīng qī 星期	tiān qì qíngkuàng 天气情况	tiān qì tú biāo 天气图标
		qíng tiān 晴天	

第二单元

cāi yi cāi
猜一猜

bú shì yún　　bú shì yān
不是云，不是烟，

mí mi máng máng zhē mǎn tiān
迷迷茫茫遮满天。

jiàn le fēng　　sì chù sàn
见了风，四处散，

tài yáng yì chū quán bú jiàn
太阳一出全不见。

xiǎo péng yǒu　　nǐ cāi dào zhè shì shén me le ma
小朋友，你猜到这是什么了吗？

单元主题

wù

雾

rén zài péng lái jí shì xiān　　zhè xiān jìng jiù shì wù de jié zuò
"人在蓬莱即是仙"，这仙境就是雾的杰作。

ràng wǒ men yì qǐ zài zuò jiā bǐ xià gǎn shòu wù　　zài huà jiā bǐ xià xīn shǎng wù
让我们一起在作家笔下感受雾，在画家笔下欣赏雾。

wù shì rú hé xíng chéng de　　rú hé pàn duàn wù de děng jí　　wù tiān chū xíng yào zhù yì
雾是如何形成的？如何判断雾的等级？雾天出行要注意

xiē shén me　　zěn yàng jiě jué wù dài lái de xiǎo má fan　　shēng huó zhōng yǒu nǎ xiē chú wù jì
些什么？怎样解决雾带来的小麻烦？生活中有哪些除雾技

qiǎo ne
巧呢？

第1课 拨开云雾看世界
bō kāi yún wù kàn shì jiè

阅读与赏析
yuè dú yǔ shǎng xī

看图，能帮助我们更好地理解文字！
kàn tú，néng bāng zhù wǒ men gèng hǎo de lǐ jiě wén zì

傍午的时候，雾变成了牛毛雨，
bàng wǔ de shí hou，wù biàn chéng le niú máo yǔ

像帘子似的老是挂在窗前。
xiàng lián zi shì de lǎo shì guà zài chuāng qián

——茅盾《雾》
máo dùn　wù

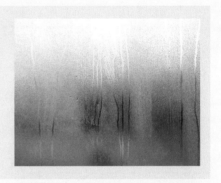

一阵阵迷雾的巨浪像羊毛团般沉
yí zhèn zhèn mí wù de jù làng xiàng yáng máo tuán bān chén

重地涌来，把太阳遮着。
zhòng de yǒng lái，bǎ tài yáng zhē zhe

——（法）雨果《海上劳工》
fǎ　yǔ guǒ　hǎi shang láo gōng

云雾，像鹅绒般轻轻地飘流着。
yún wù，xiàng é róng bān qīng qīng de piāo liú zhe

——李若冰
lǐ ruò bīng

《在柴达木盆地》
zài chái dá mù pén dì

重重浓雾，像雪堆似的从一
个个山头崩落，像瀑布似的从两
峰间的凹部翻滚下来。

——（苏联）艾特马特夫

《水泥》

小朋友，读了上面这些句子，联系生活实际，你觉得雾像什么？请你先说一说，再试着写下来。

_____

_____

_____

 评一评

评价维度	具体要求	达成情况
语言运用	能正确流利地朗读语句，感受不同雾的特点	☆
思维能力	能结合插图，想象文字所描绘的画面，和伙伴分享交流	☆
审美创造	能写一句自己眼中的雾，语句通顺	☆

ràng wǒ men yì qǐ lái xīn shǎng yí xià zhōng guó shān shuǐ huà zhōng de wù ba
让我们一起来欣赏一下中国山水画中的雾吧!

yān jiāng fān yǐng tú　nán sòng　xià sēn　kè lì fū lán yì shù bó wù guǎn cáng
烟江帆影图 南宋 夏森 克利夫兰艺术博物馆藏

miáo shù　　zài zuò pǐn zhōng nǐ kàn jiàn le shén me
1.描述（在作品中你看见了什么？）

shān luán lián mián
山峦连绵

yún wù liáo rào
云雾缭绕

hú miàn kāi kuò
湖面开阔

yí yè xiǎo zhōu
一叶小舟

qǐng cháng shì yòng
请尝试用
zhè xiē cí yǔ
这些词语
miáo shù zhè fú
描述这幅
yì shù zuò pǐn
艺术作品。

2. 分析（作品中运用了哪些美术语言？如何运用的？）

这幅作品通过水与墨，绘出了云雾缭绕、若隐若现的感觉，呈现出"迷远"之意境。

"有烟雾溟漠，野水隔而仿佛不见者，谓之迷远。"

"迷远"之意境给人雾里看花之感，产生缥缈辽阔的艺术境界。

3. 解释（艺术家表达了什么思想感情？）

古人在画山水画时，常寄情山水，追求人与自然的和谐相处，也取山、水比喻仁、智，将内在品格融入山水画。

4. 评价（你喜欢这件作品吗？为什么？）

qǐng cháng shì yòng sì bù xīn shǎng fǎ xīn shǎng zuò pǐn luàn shān zá wù tú
请尝试用"四步欣赏法"欣赏作品《乱山杂雾图》。

miáo shù
1. 描述

_____

fēn xī
2. 分析

_____

jiě shì
3. 解释

_____

píng jià
4. 评价

_____

luàn shān zá wù tú   míng   táng yín
乱山杂雾图 明 唐寅

fú lì ěr měi shù guǎncáng
弗利尔美术馆藏

评一评

píng jià wéi dù 评价维度	jù tǐ yāo qiú 具体要求	dá chéng qíng kuàng 达成情况
shěn měi gǎn zhī 审美感知	néng fā xiàn zuò pǐn zhōng yún wù liáo rào de shān shuǐ zhī měi 能发现作品中云雾缭绕的山水之美， gǎn shòu　mí yuǎn　zhī yì jìng 感受"迷远"之意境	☆
	néng yùn yòng　sì bù xīn shǎng fǎ　xīn shǎngzhōng guó shān shuǐ 能运用"四步欣赏法"欣赏中国山水 huà zuò pǐn 画作品	☆
wén huà lǐ jiě 文化理解	néng gǎn shòuzhōng guó shān shuǐ huà de mèi lì　zēngqiáng wén huà 能感受中国山水画的魅力，增强文化 zì xìn 自信	☆

33

wù cóng nǎ lǐ lái
雾从哪里来

yuè dú yǔ jiāo liú
阅读与交流

nǐ zhī dào
你知道
wù shì zěn me xíng
雾是怎么形
chéng de ma
成的吗？

dāng kōng qì zhōng de shuǐ qì chāo guò bǎo hé shuǐ qì liàng ruò wēn
当空气中的水汽超过饱和水汽量，若温
dù xià jiàng dào yí dìng chéng dù kōng qì zhōng de yí bù fēn shuǐ qì huì
度下降到一定程度，空气中的一部分水汽会
níng jié chéng xiǎo shuǐ dī xuán fú yú jìn dì miàn de kōng qì céng zhōng zài
凝结成小水滴，悬浮于近地面的空气层中，在
wú fēng huò wēi fēng tiān qì xià jiù xíng chéng le wù
无风或微风天气下，就形成了雾。

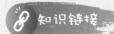
知识链接

níng jié qì tǐ yù lěng biàn chéng yè tǐ
凝结：气体遇冷，变成液体。

 说一说

jié hé wù xíng chéng de tiáo jiàn　qǐng nǐ pàn duàn yí xià　wù zài shén me shí hou bǐ jiào róng
结合雾形成的条件，请你判断一下，雾在什么时候比较容

yì chū xiàn ne　qǐng zài kuò hào nèi dǎ gōu
易出现呢？请在括号内打勾。

chūn qiū jì
春秋季（　）

xià jì
夏季（　）

dōng jì
冬季（　）

zǎo chen
早晨（　）

zhōng wǔ
中午（　）

yè wǎn
夜晚（　）

☆ 评一评

píng jià wéi dù 评价维度	jù tǐ yāo qiú 具体要求	dá chéng qíng kuàng 达成情况
kē xué guān niàn 科学观念	zhī dào wù de xíng chéng hé shuǐ de zhuàng tài biàn huà yǒu guān 知道雾的形成和水的状态变化有关	☆
	néng jié hé wù xíng chéng de tiáo jiàn pàn duàn wù zài shén me shí hou bǐ jiào róng yì chū xiàn 能结合雾形成的条件判断雾在什么时候比较容易出现	☆

tàn jiū yǔ shí yàn
探究与实验

 做一做

shí yàn míng chēng　wù de zhì zào
实验名称：雾的制造

yòng qián mian suǒ xué de zhī shi
用前面所学的知识，

lái shì shi zì jǐ zào wù ba
来试试自己造雾吧！

35

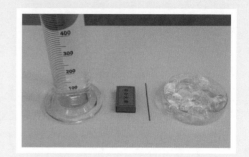

shí yàn cái liào
实验材料：

zhuāng yǒu rè shuǐ de liáng tǒng   péi yǎng mǐn   bīng kuài
装 有热水的量筒、培养皿、冰块、

xiàn xiāng   huǒ chái
线香、火柴。

shí yàn bù zhòu
实验步骤：

yòng huǒ chái diǎn rán xiàn xiāng
1. 用火柴点燃线香。

ān quán tí shì
安全提示

diǎn rán xiàn xiāng   wù bì
点燃线香，务必
zhù yì ān quán
注意安全

jiāng diǎn rán de xiàn xiāng fàng rù liáng tǒng
2. 将点燃的线香放入量筒
nèi   děng dài   miǎo
内，等待15秒。

yí zǒu xiàn xiāng   yòng fàng yǒu bīng kuài de
3. 移走线香，用放有冰块的
péi yǎng mǐn wán quán fù gài zhù liáng tǒng kǒu
培养皿完全覆盖住量筒口。

jìng zhì jǐ miǎo guān chá shí yàn xiàn xiàng
4. 静置几秒，观察实验现象。

shuō yi shuō   nǐ guān
说一说，你观
chá dào le shén me xiàn xiàng
察到了什么现象？

rú guǒ liángtǒng li fàng de shì lěng shuǐ   yòu huì dé dào shén me shí yàn jié guǒ ne
如果量筒里放的是冷水，又会得到什么实验结果呢？

píng jià wéi dù 评价维度	jù tǐ yāo qiú 具体要求	dá chéng qíng kuàng 达成情况
tàn jiū shí jiàn 探究实践	néng àn zhào bù zhòu wán chéng wù de zhì zào shí yàn 能按照步骤完成"雾的制造"实验	☆
tài dù zé rèn 态度责任	jù yǒu ān quán shǐ yòng huǒ chái xiàn xiāngděng de yì shí 具有安全使用火柴、线香等的意识	☆

bǎi biàn de wù
百变的雾

guān chá yǔ guī nà
观察与归纳

说一说

xià mian yǒu sān fú wù tiān de tú　　qǐng nǐ zǐ xì guān chá　　　tā men yǒu shén me bù tóng
下面有三幅雾天的图，请你仔细观察，它们有什么不同
zhī chù
之处？

suī rán dōu shì wù tiān　　dàn néng kàn qīng de jù lí bù tóng
虽然都是雾天，但能看清的距离不同。

dāng wù yuè lái yuè nóng　　　wǒ men néng kàn
当雾越来越浓，我们能看
qīng de dōng xi jiù yuè lái yuè shǎo le
清的东西就越来越少了。

néng jiàn dù shì fǎn yìng dà qì tòu míng dù de yí gè zhǐ biāo zhǐ de shì jù yǒu zhèng
能见度，是反映大气透明度的一个指标，指的是具有正

cháng shì lì de rén zài dāng shí de tiān qì tiáo jiàn xià néng gòu kàn qīng chu mù biāo lún kuò de zuì dà
常视力的人在当时的天气条件下能够看清楚目标轮廓的最大

jù lí
距离。

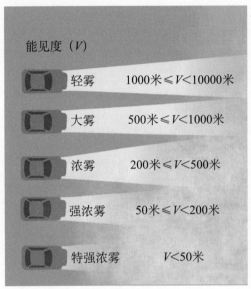

能见度（V）

轻雾　1000米≤V<10000米

大雾　500米≤V<1000米

浓雾　200米≤V<500米

强浓雾　50米≤V<200米

特强浓雾　V<50米

xiàng mǐ mǐ
像"1000米≤V<10000米"

zhè yàng de shì zi biǎo shì néng jiàn dù zài
这样的式子，表示能见度在

mǐ yǔ mǐ zhī jiān bìng
1000米与10000米之间，并

qiě kě yǐ děng yú mǐ
且可以等于1000米。

nǐ néng zǒng jié guī nà chū néng jiàn dù yǔ wù de děng jí zhī jiān de guān xì ma
你能总结归纳出能见度与雾的等级之间的关系吗？

néng jiàn dù yuè gāo dī wù de děng jí yuè
能见度越 ＿＿＿＿＿＿（高／低），雾的等级越 ＿＿＿＿＿＿

gāo dī
（高／低）。

píng jià wéi dù 评价维度	jù tǐ yāo qiú 具体要求	dá chéng qíng kuàng 达成情况
kē xué guān niàn 科学观念	zhī dào gēn jù néng jiàn dù bù tóng　　wù kě fēn wéi bù tóng 知道根据能见度不同，雾可分为不同 de děng jí 的等级	☆
tuī lǐ yì shí 推理意识	néng tuī lǐ guī nà fā xiàn néng jiàn dù yuè dī　　wù de děng 能推理归纳发现能见度越低，雾的等 jí yuè gāo 级越高	☆

gū suàn yǔ yìngyòng
估算与应用

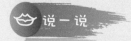
说一说

zài shēng huó zhōng　　néng fǒu cū lüè de pàn duàn néng jiàn dù ne
在生活中，能否粗略地判断能见度呢？

zhè tiáo xiǎo lù cháng yuē wéi　　mǐ　　wǒ zài lù de yì duān kàn bu qīng
这条小路长约为50米，我在路的一端看不清
lìng yì duān jiàn zhù de lún kuò　　zhè shuō míng néng jiàn dù xiǎo yú　　mǐ　　shǔ
另一端建筑的轮廓。这说明能见度小于50米，属
yú tè qiáng nóng wù
于特强浓雾。

wǒ jiā xiǎo qū li lóu yǔ lóu zhī jiān jiàn gé　　mǐ　　lóu běn
我家小区里楼与楼之间间隔40米，楼本
shēn kuān　　mǐ　　wǒ miǎn qiáng kě yǐ kàn qīng dì　　zhuàng lóu de lún
身宽10米，我勉强可以看清第10幢楼的轮
kuò　　dì　　zhuàng lóu de lún kuò jiù kàn bu qīng le　　zhè shuō míng néng
廓，第11幢楼的轮廓就看不清了。这说明能
jiàn dù zài　　　　mǐ dào　　　　mǐ zhī jiān　　shǔ yú nóng wù
见度在200米到500米之间，属于浓雾。

xià mian liǎng fú tú shì shén me děng jí de wù ne   shuōshuo nǐ de pàn duàn lǐ yóu
下面两幅图是什么等级的雾呢？说说你的判断理由。

wù de děng jí shì
雾的等级是（　　　）

wù de děng jí shì
雾的等级是（　　　）

读一读

dà wù yù jǐng yì bān fēn sān jí   fēn bié yǐ huáng sè   chéng sè   hóng sè biǎo shì   qí
大雾预警一般分三级，分别以黄色、橙色、红色表示，其

zhōnghóng sè yù jǐng shì zuì gāo jí bié
中红色预警是最高级别。

dāng kàn dào zhè sān gè jǐng shì biāo zhì
当看到这三个警示标志

shí   wǒ men yào zhù yì chū xíng ān quán
时，我们要注意出行安全。

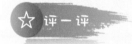评一评

píng jià wéi dù 评价维度	jù tǐ yāo qiú 具体要求	dá chéng qíng kuàng 达成情况
tuī lǐ yì shí 推理意识	néng gēn jù qíng jìng tú zhōng de shù jù tuī lǐ chū néng 能根据情境图中的数据，推理出能 jiàn dù 见度	☆
yìng yòng yì shí 应用意识	néng gēn jù néng jiàn dù hé wù děng jí jiān de duì yìng guān 能根据能见度和雾等级间的对应关 xì pàn duàn xiàn shí qíng jìng zhōng wù de děng jí 系，判断现实情境中雾的等级	☆
tài dù zé rèn 态度责任	yǒu wù tiān zhù yì ān quán chū xíng de yì shí 有雾天注意安全出行的意识	☆

tiáo pí de wù
"调皮"的雾
第4课

yuè dú yǔ jiāo liú
阅读与交流

读一读

wù shì gè tiáo pí de xiǎo péng yǒu　　yǒu shí huì gěi wǒ men dài lái má fan
雾是个"调皮的小朋友"，有时会给我们带来麻烦。

wù tiān néng jiàn dù jiào dī
雾天能见度较低，
róng yì zào chéng jiāo tōng shì gù
容易造成交通事故。

wù yǔ mái cháng hùn zài yì qǐ
雾与霾常混在一起，
xī rù duì rén tǐ yǒu hài
吸入对人体有害。

lián rì dà wù yì yǐn fā wù shǎn
连日大雾易引发"雾闪"，
shǐ gōng diàn xì tǒng tān huàn
使供电系统瘫痪。

lián rì dà wù shǐ tài yáng guāng zhào shòu zǔ
连日大雾使太阳光照受阻，
yǐng xiǎng nóng zuò wù shēng zhǎng
影响农作物生长。

lián xì shēng huó shí jì　shuōshuo wù hái gěi wǒ men dài lái le nǎ xiē má fan
联系生活实际，说说雾还给我们带来了哪些麻烦？

wù tiān chū mén　wǒ men yìng zhù yì shén me ne
雾天出门，我们应注意什么呢？

wù tiān jǐn liàng bú yào jìn xíng hù wài yùn dòng　rú guǒ xū yào duàn liàn　zuì hǎo xuǎn zé shì
1. 雾天尽量不要进行户外运动。如果需要锻炼，最好选择室
nèi chǎng suǒ
内场所。

wù yǔ mái tōngcháng hùn hé zài yì qǐ　chū mén qǐng dài hǎo kǒu zhào
2. 雾与霾通常混合在一起，出门请戴好口罩。

jǐn liàngchuānliàng sè yī wù　ràng bié rén róng yì kàn dào nǐ
3. 尽量穿亮色衣物，让别人容易看到你。

rú guǒ nǐ de jiā rén kāi chē chū xíng　tí xǐng tā men dǎ kāi wù dēngbìng jiǎn sù màn xíng
4. 如果你的家人开车出行，提醒他们打开雾灯并减速慢行。

píng jià wéi dù 评价维度	jù tǐ yāo qiú 具体要求	dá chéng qíng kuàng 达成情况
kē xué guān niàn 科学观念	zhī dào wù huì yǐng xiǎng wǒ men de shēng huó 知道雾会影响我们的生活	☆
tài dù zé rèn 态度责任	yǒu wù tiān zhù yì ān quán chū xíng de yì shí 有雾天注意安全出行的意识	☆

43

想一想

zài dà wù tiān qì　　yǎn jìng piàn shang jīng cháng huì　wù méng méng de　　zhē
在大雾天气，眼镜片上经常会雾蒙蒙的，遮
dǎng shì xiàn　　chú le shǐ yòng zhuān yòng yǎn jìng fáng wù jì wài　　hái yǒu shén me
挡视线。除了使用专用眼镜防雾剂外，还有什么
bàn fǎ jiě jué zhè ge xiǎo má fan ne
办法解决这个小麻烦呢？

做一做

ràng wǒ men zì zhì fáng wù jìng piàn ba
让我们自制防雾镜片吧！

shí yàn cái liào　　shì liàng xǐ yī yè　　yǎn jìng bù　　yǎn jìng
实验材料：适量洗衣液、眼镜布、眼镜。

shí yàn bù zhòu
实验步骤：

yòng zhàn qǔ xǐ yī yè de yǎn jìng bù cā shì zuǒ bian jìng piàn
1. 用蘸取洗衣液的眼镜布擦拭左边镜片。

jìng zhì　　　　　　fēn zhōng
2. 静置 5 ～ 10 分钟。

jiāng yǎn jìng zhì yú rè shuǐ shàng fāng
3. 将眼镜置于热水上方。

^{zuǒ} ^{yòu liǎng kuài jìng piàn yī cì jiē chù shuǐ zhēng qì} ^{guān chá shí yàn jié guǒ}
4. 左、右两块镜片依次接触水蒸气，观察实验结果。

^{shuō yi shuō zuǒ} ^{yòu liǎng kuài jìng piàn shang chéng xiàn de bù tóng shí yàn xiàn xiàng}
说一说左、右两块镜片上呈现的不同实验现象。

^{píng jià wéi dù} 评价维度	^{jù tǐ yāo qiú} 具体要求	^{dá chéng qíng kuàng} 达成情况
^{láo dòng néng lì} 劳动能力	^{néng àn zhào bù zhòu wán chéng zì zhì fáng wù jìng piàn huó dòng} 能按照步骤完成自制防雾镜片活动	☆
^{tài dù zé rèn} 态度责任	^{néng zhǔ dòng guān zhù tiān qì xiàn xiàng bìng xiǎng bàn fǎ yìng duì} 能主动关注天气现象并想办法应对 ^{tiān qì biàn huà dài lái de bú biàn} 天气变化带来的不便	☆

单元自主探究

雾与霾常常一起出现，会被误认为霾也是雾的一种，其实它们之间有着很大的不同。请同学们收集资料，研究雾与霾的区别，并分享防霾小措施。

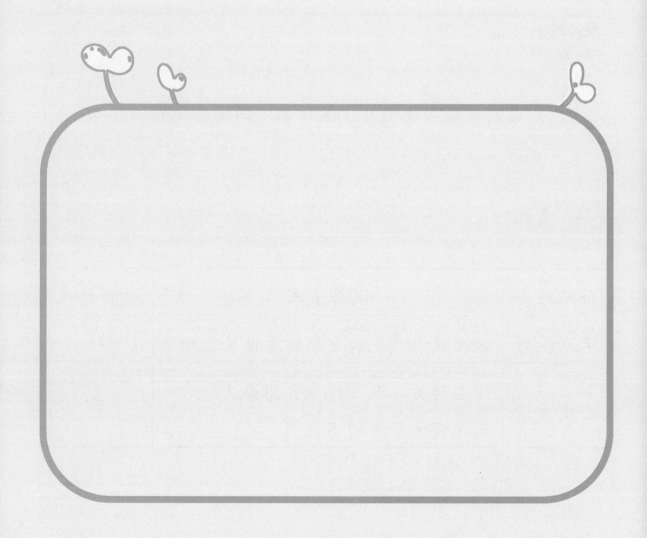

第三单元

猜一猜
cāi yi cāi

yí yè fēng chuī bái huā kāi
一夜风吹白花开，

huā cóng shuǐ qì níng jié lái
花从水汽凝结来。

jīn xiāo rén jiān zhù yí yè
今宵人间住一夜，

míng tiān rì chū huí tiān tái
明天日出回天台。

xiǎo péng yǒu   nǐ cāi dào zhè shì shén me le ma
小朋友，你猜到这是什么了吗？

shuāng

霜

shuāng dài lái le dú tè de zì rán fēng guāng   měi bú shèng shōu
霜，带来了独特的自然风光，美不胜收。

ràng wǒ men yì qǐ cóng shī cí zhōng gǎn shòu   cóng shè yǐng zhōng tǐ wù
让我们一起从诗词中感受，从摄影中体悟。

shuāng shì rú hé xíng chéng de   shuāng dòng shì yì zhǒng nóng yè qì xiàng zāi hài   wǒ men gāi
霜 是如何形成的？霜冻，是一种农业气象灾害，我们该

rú hé yìng duì ne
如何应对呢？

第1课 走进霜满天
zǒu jìn shuāng mǎn tiān

九月中，气肃而凝，露结为霜矣。
jiǔ yuè zhōng　qì sù ér níng　lù jié wéi shuāng yǐ

——《月令七十二候集解》
yuè lìng qī shí èr hòu jí jiě

霜降，二十四节气之一，每年公历10月23日左右。霜降
shuāngjiàng　èr shí sì jié qì zhī yī　měi nián gōng lì　yuè　rì zuǒ yòu　shuāng jiàng

节气含有天气渐冷、初霜出现的意思。
jié qì hán yǒu tiān qì jiàn lěng　chū shuāng chū xiàn de yì si

霜降是秋季的最后一个节气，也意味着冬天即将开始。
shuāngjiàng shì qiū jì de zuì hòu yí gè jié qì　yě yì wèi zhe dōng tiān jí jiāng kāi shǐ

此时，我国黄河流域已出现白霜，千里沃野上，一片银色
cǐ shí　wǒ guó huáng hé liú yù yǐ chū xiàn bái shuāng　qiān lǐ wò yě shang　yí piàn yín sè

冰晶熠熠闪光。
bīng jīng yì yì shǎnguāng

rén men tóng yàng fēi cháng zhòng shì shuāng jiàng jié qì huì
人们同样非常重视霜降节气，会

yǐ gè zhǒng jì sǎo huó dòng qí qiú fēng tiáo yǔ shùn shēng huó
以各种祭扫活动祈求风调雨顺、生活

xìng fú ān kāng zhè ge jié qì de chuán tǒng xí sú yǒu chī
幸福安康。这个节气的传统习俗有吃

shì zi shǎng hóng yè shǎng qiū jú děng
柿子、赏红叶、赏秋菊等。

xiǎo huó dòng
小·活动

shuāng jiàng yě shì zhòng yào de nóng zuò shí qī gǔ rén yòng zhì huì zǒng jié bìng jì lù xià xǔ
霜降也是重要的农作时期，古人用智慧总结并记录下许

duō yàn yǔ qǐng nǐ chá yuè zī liào zhāi lù jǐ jù yǔ shuāng jiàng yǒu guān de yàn yǔ zài dú
多谚语。请你查阅资料，摘录几句与霜降有关的谚语，再读

yi dú
一读。

_____

_____

☆ 评一评

píng jià wéi dù 评价维度	jù tǐ yāo qiú 具体要求	dá chéng qíng kuàng 达成情况
yǔ yán yùn yòng 语言运用	néng chá yuè zī liào zhāi lù guān yú shuāng jiàng de yàn yǔ 能查阅资料摘录关于霜降的谚语，bìng zhèng què liú lì de sòng dú 并正确流利地诵读	☆
wén huà zì xìn 文化自信	néng cóng yàn yǔ zhōng gǎn shòu dào wǒ guó gǔ rén de zhì huì 能从谚语中感受到我国古人的智慧	☆

50

nǐ néngyòngzōng hé cái liào biǎo xiàn chū shuāngjiàng zuì měi de yàng zi ma
你能用综合材料表现出霜降最美的样子吗?

qù
趣
wèi
味
zhōng
中
xīn
心

zhí xiàn jiāng huà miàn píng jūn fēn
直线将画面平均分

rén men de mù guāng huì bèi xī yǐn
人们的目光会被吸引
dào qù wèi zhōng xīn   suǒ yǐ zài chuàng zuò
到趣味中心,所以在创作
shí kě yǐ jiāng wù tǐ fàng zài qù wèi zhōng
时可以将物体放在趣味中
xīn fù jìn
心附近。

gòu tú shì huà miàn shang de bù jú
构图是画面上的布局
jié gòu   zài gòu tú shí yào zuò dào zhǔ
结构。在构图时要做到主
tí míng què   biàn bié zhǔ cì   qì fán
题明确、辨别主次、弃繁
jiù jiǎn   zhǔ tǐ tū chū
就简、主体突出。

做一做

huó dòng cái liào
活动材料:

qiān bǐ   xiàng pí   chāoqīng nián tǔ   chāoqīng
铅笔、橡皮、超轻黏土、超轻
nián tǔ gōng jù   yán   jiǎn dāo   huà bǎn
黏土工具、盐、剪刀、画板、
yán liào   huà bǐ shuā   gù tǐ jiāo
颜料、画笔刷、固体胶。

huó dòng bù zhòu
活动步骤:

gòu sī cǎo tú
1. 构思草图。

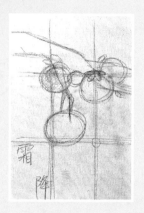

lì yòng shuǐ fěn yán liào jiāng bèi jǐng shuā shàng sè cǎi
2. 利用水粉颜料将背景刷上色彩。

lì yòng chāo qīng nián tǔ zhì zuò shù gàn
3. 利用超轻黏土制作树干。

lì yòng chāo qīng nián tǔ zhì zuò chū tǐ xiàn
4. 利用超轻黏土制作出体现
shuāng jiàng zhǔ tí de shì zi
"霜降"主题的柿子。

děng chāo qīng nián tǔ gān hòu zài shì zi
5. 等超轻黏土干后,在柿子
biǎo miàn tú shàng jiāo shuǐ rán hòu jiāng yán sǎ
表面涂上胶水,然后将盐撒
zài shàngmian biǎo xiàn shuāng de gǎn jué
在上面,表现霜的感觉。

jiāng shì zi zhān tiē zài huà miàn shang
6. 将柿子粘贴在画面上,
wán chéng zuò pǐn
完成作品。

shuō yi shuō nǐ de zuò pǐn míng chēng gòu
说一说你的作品名称、构
tú hé chuàng zuò nèi róng
图和创作内容。

☆评一评

píng jià wéi dù 评价维度	jù tǐ yāo qiú 具体要求	dá chéng qíng kuàng 达成情况
shěn měi gǎn zhī 审美感知	néng fā xiàn bìng gǎn shòu shēng huó zhōng de shuāng zhī měi 能发现并感受生活中的霜之美	☆
yì shù biǎo dá 艺术表达	néng lì yòng zōng hé cái liào zhì zuò chū tū chū zhǔ tí qiě 能利用综合材料制作出突出主题且 jù yǒu měi gǎn de zuò pǐn biǎo dá duì shuāng de qíng gǎn 具有美感的作品，表达对霜的情感	☆

第 2 课

shuāng cóng nǎ lǐ lái
霜 从哪里来

yuè dú yǔ jiāo liú
阅读与交流

hǎo lěng a　　míngming
好冷啊！明明，
kuài kàn　　cāo chǎng shang nà yí
快看！操场上那一
piàn bái máng máng de shì shén me
片白茫茫的是什么
ya　　shì xià xuě le ma
呀？是下雪了吗？

nà kě bú shì
那可不是
xuě　　ér shì shuāng
雪，而是霜。

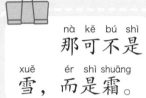

说一说

xiǎo péng yǒu　　nǐ jiàn guò shuāng ma　　rú guǒ nǐ yě jiàn guò tā　　nà shì zài shén me shí
小朋友，你见过霜吗？如果你也见过它，那是在什么时
hou　　shén me dì fang jiàn dào de ne
候、什么地方见到的呢？

54

通常，我们会说"下雨"或"下雪"，但很少说"下霜"。

霜，不是从天上降下来的，那是从哪里来的呢?

当温度低于0℃，近地面的气态水就会在某些物体的表面

形成固态霜。比如，在叶片上、土块上、玻璃上结出霜。有微

风的时候，空气缓慢地流过冷物体表面，会有利于霜的形成。

风力过大、风速过快，不利于霜的形成。因此，霜一般出现在

寒冷季节里晴朗、微风或无风的夜晚。

水蒸气 　→　 霜
(气态) 　　　(固态)

 说一说

小朋友，通过阅读，你能说出霜的形成与哪些因素有

关吗?

 评一评

评价维度	具体要求	达成情况
科学观念	知道霜的形成条件	☆

55

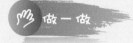
做一做

shí yàn cái liào　　bú xiù gāng bēi　　shī máo jīn　　bīng
实验材料：不锈钢杯、湿毛巾、冰
　　　　　kuài　　shí yán　　jiǎo bàn bàng děng
块、食盐、搅拌棒等。

shí yàn bù zhòu
实验步骤：

jiāng shī máo jīn fàng zài zhuōmiànshang
1. 将湿毛巾放在桌面上。

jiāng bú xiù gāng bēi fàng zhì zài shī máo
2. 将不锈钢杯放置在湿毛
jīn shang　　bìng jiā rù shì liàng bīng kuài
巾上，并加入适量冰块。

wǎng bēi zhōng jiā rù shí yán　　bìng
3. 往杯中加入食盐，并
yòng jiǎo bàn bàng jìn xíng jiǎo bàn
用搅拌棒进行搅拌。

jìng zhì guān chá
4. 静置观察。

xiǎo péng yǒu men　　kě yǐ zài xià tú zhōng huà yi huà　　jì lù xià nǐ men guān chá dào de shí
小朋友们，可以在下图中画一画，记录下你们观察到的实

yàn xiàn xiàng
验现象。

jìng zhì qián
静置前

jìng zhì hòu
静置后

评一评

píng jià wéi dù 评价维度	jù tǐ yāo qiú 具体要求	dá chéng qíng kuàng 达成情况
tàn jiū shí jiàn 探究实践	néng àn zhào bù zhòu wán chéng shuāng shí yàn 能按照步骤完成霜实验	☆
tài dù zé rèn 态度责任	lè yú tàn jiū yǔ shuāng yǒu guān de tiān qì xiàn xiàng 乐于探究与霜有关的天气现象	☆

霜 之 美
shuāng zhī měi

欣赏与感知
xīn shǎng yǔ gǎn zhī

雾淞
wù sōng

雾淞，俗称冰花，也称为树挂，是低温时空气中的水汽凝华，或过冷雾滴冻结在物体上的乳白色冰晶沉积物，是非常难得的自然奇观。

雾淞的形成条件非常苛刻，既要求冬季寒冷漫长，又要求空气中有充足的水汽，此外，还要求天晴少云，又静风，或是风速很小。

在我国的松花江畔，每年12月至次年2月间，常会出现闻名遐迩的吉林雾凇奇观。在阳光照耀下，雾凇银光闪烁，美丽动人。

霜花

霜花，也是一种奇特的自然现象。霜花在接近 −22 ℃极其寒冷的天气出现。霜花依附在冰面瑕疵上，渐渐形成寄居着大量微生物的尖刺状结构。

shuāng huā yǔ xuě huā xiāng bǐ yǒu shén me bù tóng
霜花与雪花相比有什么不同？

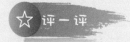

评一评

píng jià wéi dù 评价维度	jù tǐ yāo qiú 具体要求	dá chéng qíng kuàng 达成情况
shěn měi gǎn zhī 审美感知	néng zài xīn shǎng wù sōng shuāng huā děng zì rán jǐng guān de 能在欣赏雾凇、霜花等自然景观的 guò chéng zhōng gǎn shòu dà zì rán de qí miào yǔ měi hǎo 过程中感受大自然的奇妙与美好	☆

chuàng yì yǔ biǎo xiàn
创意与表现

做一做

huó dòng cái liào lán sè guó huà yán liào máo bǐ
活动材料：蓝色国画颜料、毛笔、

zhǐ jīn shuǐ shú xuān kǎ zhǐ
纸巾、水、熟宣卡纸、

bái sè yóu huà bàng děng
白色油画棒等。

huó dòng bù zhòu
活动步骤：

yòng hēi sè yóu xìng jì hào bǐ zài xuān zhǐ
1. 用黑色油性记号笔在宣纸

shang huà chū wù sōng de shù zhī hé shù gàn
上画出雾凇的树枝和树干。

yòng bái sè yóu huà bàng huà zài bù fēn shù
2. 用白色油画棒画在部分树

zhī shang
枝上。

60

jiāng lán sè guó huà yán liào jǐ rù shuǐ zhōng tiáo hé
3. 将蓝色国画颜料挤入水中调和。

jiāng lán sè guó huà yán liào shuā zài huà miàn shang wán chéng zuò pǐn
4. 将蓝色国画颜料刷在画面上，完成作品。

💡 想一想

wèi shén me bái sè yóu huà bàng huà guò de dì fang bú huì bèi lán sè yán liào fù gài ne
为什么白色油画棒画过的地方不会被蓝色颜料覆盖呢？

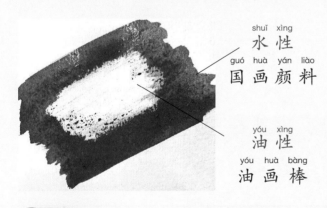

shuǐ xìng
水性
guó huà yán liào
国画颜料

yóu xìng
油性
yóu huà bàng
油画棒

yóu yú yóu huà bàng bù
由于油画棒不
róng yú shuǐ suǒ yǐ dāng
溶于水，所以当
tā yǔ guó huà jié hé shí
它与国画结合时，
huì chǎn shēng zì rán fēn lí
会产生自然分离
de tè shū xiào guǒ
的特殊效果。

⭐ 评一评

píng jià wéi dù 评价维度	jù tǐ yāo qiú 具体要求	dá chéng qíng kuàng 达成情况
chuàng yì shí jiàn 创意实践	néng lì yòng bù tóng měi shù cái liào de bù tóng tè xìng chuàng 能利用不同美术材料的不同特性，创 zuò zhǔ tǐ wéi wù sōng de měi shù zuò pǐn 作主体为雾凇的美术作品	☆

第4课 shuāng zhī hài
霜之害

阅读与估算
yuè dú yǔ gū suàn

shuāng yì bān dōu zài wǎn qiū chū xiàn zǎo chūn xiāo shī wǒ men bǎ rù qiū hòu dì yī cì chū
霜一般都在晚秋出现，早春消失。我们把入秋后第一次出

xiàn shuāng de rì qī chēng wéi chū shuāng rì rù chūn hòu zuì hòu yí cì chū xiàn shuāng de rì qī chēng wéi
现霜的日期称为初霜日，入春后最后一次出现霜的日期称为

zhōngshuāng rì
终霜日。

cóng chū shuāng rì dào cì nián zhōngshuāng rì zhè duàn shí qī chēng zuò shuāng qī
从初霜日到次年终霜日，这段时期称作霜期。

quán guó gè dì de shuāng qī dōu bù tóng
全国各地的霜期都不同。

shàng hǎi de chū shuāng rì yì bān zài yuè
上海的初霜日一般在 11 月

xià xún zhōngshuāng rì yì bān zài cì nián yuè dǐ
下旬，终霜日一般在次年 3 月底。

算一算

你能根据下面的对话，估算出上海的霜期大约有多少天吗？

我知道上海的霜期大致在 12 月、1 月、2 月和 3 月。

我知道一个月约为 30 天。

可以估算出上海的霜期大约为 _____ 天。

 评一评

评价维度	具体要求	达成情况
科学观念	知道初霜日、终霜日、霜期的含义	☆
数学数感	能在真实情境中对上海的霜期天数进行合理估算	☆

63

yuè dú yǔ jiāo liú
阅读与交流

读一读

"霜冻"与"霜"并不一样。霜是一种天气现象,是指近地面的水蒸气遇冷结成的一种白色冰晶。霜冻,则是一种低温危害现象,通常是指空气温度突然下降,地表温度骤降到 0 ℃以下,使农作物受到损害,甚至死亡。发生霜冻时不一定出现霜,出现霜时也不一定就有霜冻发生。

霜冻发生在秋、冬、春季,多为寒潮南下,短时间内气温急剧下降至 0 ℃ 以下引起;或者受寒潮影响后,天气由阴转晴的当天夜晚,因地面强烈辐射降温所致,这就是人们常说的"雪上加霜"。

tū rú qí lái de shuāngdòng zāi hài huì duì nóng yè chǎnshēng jù dà de yǐngxiǎng   zhì huì de láo
突如其来的霜冻灾害会对农业产生巨大的影响，智慧的劳

dòng rén mín xiǎng chū le gè zhǒng yù fáng cuò shī   xiǎo péng yǒu   zǐ xì guān chá xià liè tú piàn   nǐ
动人民想出了各种预防措施。小朋友，仔细观察下列图片，你

néng bǎ xiāngyìng de wén zì yǔ tú piàn lián qǐ lái ma
能把相应的文字与图片连起来吗？

yān xūn fǎ	zhē gài fǎ	guàn shuǐ fǎ	shī féi fǎ
烟熏法	遮盖法	灌水法	施肥法

píng jià wéi dù 评价维度	jù tǐ yāo qiú 具体要求	dá chéng qíng kuàng 达成情况
kē xué guān niàn 科学观念	zhī dào shuāng hé shuāngdòng de qū bié 知道霜和霜冻的区别	☆
láo dòng jīng shén 劳动精神	gǎn shòu dào wǒ guó láo dòng rén mín de zhì huì yǔ cái gàn 感受到我国劳动人民的智慧与才干	☆

单元自主探究

dān yuán zì zhǔ tàn jiū

shuāng yǒu gè hǎo péng yǒu　　lù　xiǎo péng yǒu　　nǐ néng tōng guò chá yuè zī liào děng fāng shì

霜有个好朋友——露。小朋友，你能通过查阅资料等方式

zhǎo dào tā men de xiāng tóng hé bù tóng zhī chù ma　　kě yǐ bǎ nǐ sōu jí de xìn xī xiě yi xiě

找到它们的相同和不同之处吗？可以把你搜集的信息写一写、

huà yi huà　　bìng yǔ nǐ de tóng bàn jiāo liú

画一画，并与你的同伴交流。

第四单元

空气湿度常变化，
我们一起观察它。
太大太小都麻烦，
日常生活紧相关。

湿度

shī dù

你知道湿度是什么吗？如何观测湿度大小？同一时间、不同地点的湿度相同吗？同一地点、不同时间的湿度又相同吗？湿度过高或过低对人类有影响吗？我们又可以怎样应对？

第1课 走进湿度
zǒu jìn shī dù

阅读与交流
yuè dú yǔ jiāo liú

 读一读

bú lùn shì yīn yǔ tiān hái shi qíng tiān　　dōng tiān hái shi xià tiān　　shì nèi hái shi shì wài
不论是阴雨天还是晴天，冬天还是夏天，室内还是室外，

shī rùn de hǎi yáng shàng kōng hái shi gān zào de shā mò dì qū　　dà zì rán rèn hé dì fang de kōng qì
湿润的海洋上空还是干燥的沙漠地区，大自然任何地方的空气

zhōng dōu hán yǒu shuǐ qì
中都含有水汽。

shī dù shì zhǐ kōng qì zhōng shuǐ qì de hán liàng　　fǎn yìng le kōng qì gān shī de chéng dù　　shī
湿度是指空气中水汽的含量，反映了空气干湿的程度。湿

dù fēn wéi xiāng duì shī dù hé jué duì shī dù　　wǒ men rì cháng shēng huó zhōng zuì cháng yòng de shì xiāng duì
度分为相对湿度和绝对湿度，我们日常生活中最常用的是相对

shī dù　yòng　　biǎo shì
湿度，用RH表示。

shī dù jì shì cè liáng zhōu wéi qì tǐ shī dù de zhuānyòng yí qì   yǒu gè zhǒng bù tóng lèi xíng
湿度计是测量周围气体湿度的专用仪器，有各种不同类型

de shī dù jì
的湿度计。

wēn shī dù jì shì wēn dù jì hé shī dù jì zài yì qǐ de yí qì   jì kě yòng lái cè liáng
温湿度计是温度计和湿度计在一起的仪器，既可用来测量

wēn dù   yě kě yòng lái cè liáng shī dù   zài bù tóng shī dù xià   zhǐ zhēn huì zhǐ xiàng bù tóng de
温度，也可用来测量湿度。在不同湿度下，指针会指向不同的

wèi zhì
位置。

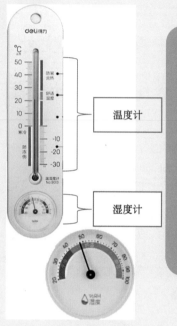

温度计

湿度计

rú hé shǐ yòng shī dù jì
如何使用湿度计

jiāng shī dù jì fàng zhì zài suǒ guān cè de huán jìng zhōng
将湿度计放置在所观测的环境中，

děng dài piàn kè   dào zhǐ zhēn wěn dìng bú dòng   jí kě dú shù
等待片刻，到指针稳定不动，即可读数。

zhè lǐ de dú shù shì xiāng duì shī dù   yòng bǎi fēn shù biǎo shì
这里的读数是相对湿度，用百分数表示。

rú zuǒ tú suǒ shì   cǐ shí suǒ cè dé de xiāng duì shī
如左图所示，此时所测得的相对湿

dù shì
度是48%。

qǐng guān cè bìng shuō yi shuō suǒ zài
请观测并说一说所在

jiào shì xiàn zài de shī dù shì duō shǎo
教室现在的湿度是多少。

☆ 评一评

píng jià wéi dù 评价维度	jù tǐ yāo qiú 具体要求	dá chéngqíngkuàng 达成情况
kē xué guān niàn 科学观念	zhī dào shī dù shì kōng qì zhōngshuǐ qì de hán liàng zhī dào 知道湿度是空气中水汽的含量，知道 shī dù jì shì cè liáng shī dù de zhuānyònggōng jù 湿度计是测量湿度的专用工具	☆
tài dù zé rèn 态度责任	néng duì shī dù jì de shǐ yòngchǎnshēngxìng qù 能对湿度计的使用产生兴趣	☆

cè liáng yǔ tàn jiū
测量与探究

想一想

tóng yī shí jiān bù tóng dì diǎn de xiāng duì
同一时间、不同地点的相对

shī dù yí yàng ma
湿度一样吗？

测一测

jiǎ shè wǒ men cāi cè tóng yī shí jiān bù tóng dì diǎn de xiāng duì shī dù
假设：我们猜测，同一时间、不同地点的相对湿度

xiāngtóng bù tóng
相同（　　　）/ 不同（　　　）。

cè liáng fēn zǔ cè liáng xià mian gè dì diǎn cǐ shí de xiāng duì shī dù
测量：分组测量下面 3 个地点此时的相对湿度。

jiào shì li	yángguāng xia	shù yīn xia
教室里	阳光下	树荫下

xiāng duì shī dù　　　　xiāng duì shī dù　　　　xiāng duì shī dù
相对湿度＿＿＿% 　　　相对湿度＿＿＿% 　　　相对湿度＿＿＿%

说一说

tóng yī shí jiān bù tóng dì diǎn de xiāng duì shī dù
同一时间、不同地点的相对湿度

xiāngtóng bù tóng
（相同 / 不同）。

＿＿＿＿＿＿＿

71

☆ 评一评

píng jià wéi dù 评价维度	jù tǐ yāo qiú 具体要求	dá chéng qíng kuàng 达成情况
tàn jiū shí jiàn 探究实践	xué huì yòng wēn shī dù jì cè liáng tóng yī shí jiān bù 学会用温湿度计测量同一时间、不 tóng dì diǎn de xiāng duì shī dù néng duì jì lù de shù 同地点的相对湿度，能对记录的数 jù jìn xíng jiǎn dān de bǐ jiào fēn xī 据进行简单的比较、分析	☆
tài dù zé rèn 态度责任	yǎng chéng rú shí jì lù guān cè shù jù de xí guàn 养成如实记录观测数据的习惯	☆

第2课 湿度会变吗？

yuè dú yǔ jiāo liú
阅读与交流

读一读

shù zì shī dù jì yě shì chángyòng de cè liáng shī dù de zhuānyòng yí qì yóu shī dù chuán gǎn
数字湿度计也是常用的测量湿度的专用仪器，由湿度传感

qì hé shù xiǎn mó kuài zǔ chéng kě zhí jiē zài shù xiǎn mó kuài shang dú chū suǒ cè huán jìng xià de xiāng
器和数显模块组成，可直接在数显模块上读出所测环境下的相

duì shī dù
对湿度。

shù xiǎn mó kuài
数显模块

shī dù chuán gǎn qì
湿度传感器

shì miànshang yǒu hěn duō bù tóng pǐn pái de shù zì shī dù jì yǐ xià wéi qí zhōng yì zhǒng de
市面上有很多不同品牌的数字湿度计，以下为其中一种的

shǐ yòng bù zhòu
使用步骤：

dì yī bù jiāng shī dù chuán gǎn qì yǔ shù xiǎn mó kuài xiāng lián
第一步：将湿度传感器与数显模块相连。

dì èr bù　cháng àn shù xiǎn mó kuài cè miàn kāi guān
第二步：长按数显模块侧面开关。

dì sān bù　jiāng chuán gǎn qì de tàn tóu zhì yú suǒ cè huán jìng zhōng　tàn tóu bú chù pèng qí
第三步：将传感器的探头置于所测环境中，探头不触碰其
tā wù tǐ qiě jǐn liàng bǎo chí bú dòng　zǐ xì guān chá shù xiǎn mó kuài shì shù　dài shì shù bú zài
他物体且尽量保持不动。仔细观察数显模块示数，待示数不再
biàn huà hòu　dú shù bìng zuò jì lù
变化后，读数并做记录。

测一测

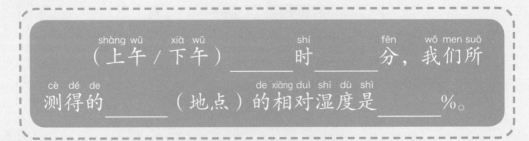

shàng wǔ　xià wǔ　　　　shí　　　fēn　wǒ men suǒ
（上午／下午）＿＿＿＿时＿＿＿分，我们所
cè dé de　　　　　　　　　　de xiāng duì shī dù shì
测得的＿＿＿＿（地点）的相对湿度是＿＿＿＿%。

74

píng jià wéi dù 评价维度	jù tǐ yào qiú 具体要求	dá chéng qíng kuàng 达成情况
tàn jiū shí jiàn 探究实践	néngzhèng què shǐ yòng shù zì shī dù jì cè liáng jiào shì li 能正确使用数字湿度计测量教室里 de xiāng duì shī dù 的相对湿度	☆
tài dù zé rèn 态度责任	lè yú shǐ yòng shù zì shī dù jì 乐于使用数字湿度计	☆

cè liáng yǔ tàn jiū
测量与探究

tóng yī dì diǎn　　bù tóng shí jiān de xiāng duì
同一地点、不同时间的相对
shī dù xiāngtóng ma
湿度相同吗?

jiǎ shè　　wǒ men cāi cè　　tóng yī dì diǎn　　bù tóng shí jiān de xiāng duì shī dù
假设: 我们猜测,同一地点、不同时间的相对湿度

xiāngtóng　　　　　　bù tóng
相同(　　　) / 不同(　　　　)。

cè liáng　　　yòng shù zì shī dù jì cè liáng tóng yī dì diǎn yì tiān zhōng　　gè bù tóng shí jiān de xiāng duì
测量: 用数字湿度计测量同一地点一天中 5 个不同时间的相对
shī dù bìng jì lù
湿度并记录。

shí jiān 时间	8:00	10:00	12:00	14:00	16:00
xiāng duì shī dù(%) 相对湿度(%)					

75

同一地点、不同时间的相对湿度
tóng yī dì diǎn　bù tóng shí jiān de xiāng duì shī dù

_____（相同 / 不同）。
xiāngtóng　bù tóng

☆ 评一评

评价维度 píng jià wéi dù	具体要求 jù tǐ yāo qiú	达成情况 dá chéng qíng kuàng
探究实践 tàn jiū shí jiàn	学会用数字湿度计测量同一地点、不同时间的相对湿度，能对记录的数据进行简单的比较、分析 xué huì yòng shù zì shī dù jì cè liáng tóng yī dì diǎn bù tóng shí jiān de xiāng duì shī dù，néng duì jì lù de shù jù jìn xíng jiǎn dān de bǐ jiào，fēn xī	☆
态度责任 tài dù zé rèn	养成如实记录观测数据的习惯 yǎng chéng rú shí jì lù guān cè shù jù de xí guàn	☆

第3课 湿度与生活
shī dù yǔ shēng huó

阅读与交流
yuè dú yǔ jiāo liú

说一说

shī dù jiào gāo duì rén lèi yǒu nǎ xiē yǐng xiǎng
湿度较高对人类有哪些影响？

shì nèi xiāng duì shī dù jiào gāo shí   diàn
室内相对湿度较高时，淀
fěn lèi zhān tiē cái liào huì shòu cháo yì méi biàn
粉类粘贴材料会受潮易霉变。

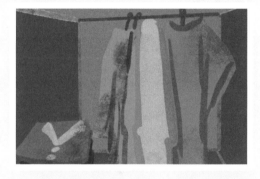

yī guì nèi cháo shī   huì róng yì dǎo
衣柜内潮湿，会容易导
zhì yī fu fā méi
致衣服发霉。

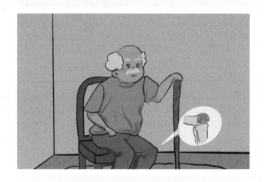

yīn yǔ tiān cháng cháng huì yǒu qì wēn xià
阴雨天常常会有气温下
jiàng   shī dù zēng gāo de xiàn xiàng   guān jié yán
降、湿度增高的现象，关节炎
bìng rén de guān jié téng tòng róng yì fā zuò
病人的关节疼痛容易发作。

gāo wēn   gāo shī   fēng sù xiǎo de
高温、高湿、风速小的
huán jìng yì dǎo zhì zhòng shǔ
环境易导致中暑。

shī dù jiào dī duì rén lèi yǒu nǎ xiē yǐng xiǎng
湿度较低对人类有哪些影响?

zuǐ chún gān liè
嘴唇干裂

liú bí xuè
流鼻血

shī zhěn
湿疹

dāng kōng qì xiāng duì shī dù dī yú
当空气相对湿度低于
shí　　rén yì huàn hū xī dào jí bìng
40% 时，人易患呼吸道疾病
hé chū xiàn kǒu gān　　chún liè　　liú bí xuè
和出现口干、唇裂、流鼻血
děng xiàn xiàng
等现象。

zài gān zào hán lěng de tiān qì xià
在干燥寒冷的天气下，
guò mǐn xìng pí fū huàn zhě róng yì yòu fā
过敏性皮肤患者容易诱发
shī zhěn
湿疹。

shì yí de shī dù shì duō shǎo ne
适宜的湿度是多少呢?

shì wēn dá　　　　　　 shí　　xiāng duì shī dù kòng zhì zài　　　　　　wéi yí
室温达25 ℃时，相对湿度控制在40%～50%为宜；
shì wēn dá　　　　　　 shí　　xiāng duì shī dù kòng zhì zài　　　　　　wéi yí
室温达18 ℃时，相对湿度控制在30%～40%为宜。

píng jià wéi dù 评价维度	jù tǐ yào qiú 具体要求	dá chéng qíng kuàng 达成情况
kē xué guān niàn 科学观念	zhī dào shī dù jiào gāo hé jiào dī duì rén lèi shēng huó de yǐngxiǎng 知道湿度较高和较低对人类生活的影响	☆
tài dù zé rèn 态度责任	shù lì zhēn ài shēng mìng de yì shí 树立珍爱生命的意识	☆

tàn jiū yǔ shí jiàn
探究与实践

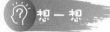 想一想

yǒu shén me bàn fǎ kě yǐ shǐ shì nèi shī dù
有什么办法可以使室内湿度
bǎo chí zài shì yí fàn wéi ne
保持在适宜范围呢？

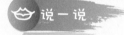 说一说

yìng duì shī dù jiào gāo de cuò shī
应对湿度较高的措施

shǐ yòng chú shī jì
使用除湿剂

shǐ yòng chú shī qì
使用除湿器

yìng duì shī dù jiào dī de cuò shī
应对湿度较低的措施

duō hē shuǐ
多喝水

shǐ yòng jiā shī qì
使用加湿器

shī dù jiào gāo shí yìng duì de fāng fǎ yǒu
湿度较高时，应对的方法有：_____。
shī dù jiào dī shí yìng duì de fāng fǎ yǒu
湿度较低时，应对的方法有：_____。

测量：（上午／下午）_____ 时 _____ 分，我们所测得的 _____

（地点）的气温是 _____ ℃，相对湿度是 _____ %。

选择实验方案：增加湿度（ ） ／ 降低湿度（ ）

实验方法：

为减少实验误差，实验需在密闭环境中进行。

实验结果：

	实验前	实验后
相对湿度（%）		

评价维度	具体要求	达成情况
科学观念	知道环境湿度较高或较低对人类的影响，会针对不同情况采取恰当措施	☆
探究实践	小组合作能完成湿度实验	☆
态度责任	乐于和同学分享交流实验结果	☆

yuè dú yǔ jiāo liú
阅读与交流

想一想

wǒ guó nánfāng hé běi fāng de shī dù xiāngtóng ma
我国南方和北方的湿度相同吗?

北京

dōng tiān zuǐ bā zhēn gān a
冬天嘴巴真干啊!
tú le hǎo duō céng rùn chún gāo dōu
涂了好多层润唇膏都
bù guǎnyòng
不管用。

上海

dōngtiān lái le rùn chúngāo yě
冬天来了,润唇膏也
xū yào ǒu ěr yòng qǐ lái le
需要偶尔用起来了。

北京

yī fu gān de zhēnkuài gāngshài chū
衣服干得真快,刚晒出
qù jǐ gè xiǎo shí jiù quángān le
去几个小时就全干了!

上海

zhè yī fu yě tài nán gān le
这衣服也太难干了,
shài le yì zhěng tiān jìng rán hái
晒了一整天,竟然还
néng jǐ chūshuǐ lái
能挤出水来!

81

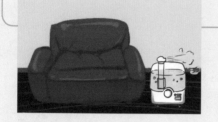

gǎn jué fáng jiān fàng yì tái jiā shī qì
感觉房间放一台加湿器
dōu bú gòuyòng
都不够用！

qiáng bì dōu fā méi le　　chú shī
墙壁都发霉了，除湿
qì gǎn jǐn yòng qǐ lái
器赶紧用起来！

☆ 评一评

píng jià wéi dù 评价维度	jù tǐ yāo qiú 具体要求	dá chéng qíng kuàng 达成情况
kē xué guān niàn 科学观念	zhī dào bú tóng dì qū de shī dù bú tóng 知道不同地区的湿度不同	☆
tuī lǐ yì shí 推理意识	néng tōng guò tú piàn de duì bǐ fēn xī　　fā xiàn nán fāng 能通过图片的对比分析，发现南方 shī dù dà 湿度大	☆

tǒng jì yǔ fēn xī
统计与分析

 说一说

xià biǎo shì wèi yú wǒ guó nán běi bù tóng qū yù de
下表是位于我国南北不同区域的
liǎng gè chéng shì de shī dù qíng kuàng　　zǐ xì guān chá biǎo
两个城市的湿度情况，仔细观察表
gé　　nǐ néng huò dé nǎ xiē xìn xī
格，你能获得哪些信息？

jì jié 季节	shàng hǎi xiāng duì shī dù 上海相对湿度（%）	lán zhōu xiāng duì shī dù 兰州相对湿度（%）
chūn jì 春季	71	42
xià jì 夏季	77	54
qiū jì 秋季	72	61
dōng jì 冬季	71	50

wèi le gèng zhí guān de duì bǐ liǎng gè chéng shì
为了更直观地对比两个城市
de shī dù qíng kuàng　qǐng nǐ gēn jù shàng mian de biǎo
的湿度情况，请你根据上面的表
gé　huì zhì chéng xiāng yìng de tiáo xíng tǒng jì tú
格，绘制成相应的条形统计图。

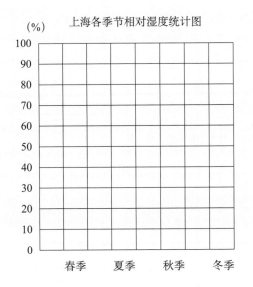

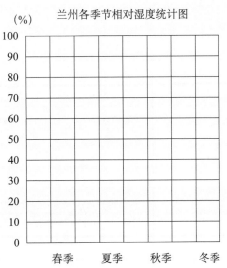

说一说

南北方湿度有差异吗？如果有差异，哪里的湿度更大呢？
请观察对比两幅统计图，说一说你的发现。

查一查

小组分工合作，查询更多南北方城市的湿度数据，看看是否和之前所说的结论一致？

我们小组调查的城市是：_____，属于中国的_____（北方／南方）。我们发现：北方的湿度和南方的湿度_____（有差异／无差异）。

☆ 评一评

评价维度	具体要求	达成情况
推理意识	能通过对两幅统计图数据的简单归纳，发现南方湿度大	☆
态度责任	乐于调查不同城市的湿度大小	☆

xué qī huó dòng
学期活动

gēn jù běn xué qī de xué xí nèi róng   lái
根据本学期的学习内容，来

huì zhì yī fèn qì xiàng xiǎo bào ba
绘制一份气象小报吧！

dān yuán huí gù
单元回顾

---

wǒ zhī dào le
我知道了：

_____

_____

---

wǒ zhī dào le
我知道了：

_____

_____

---

yún
云

wù
雾

shī dù
湿度

shuāng
霜

---

wǒ zhī dào le
我知道了：

_____

_____

---

wǒ zhī dào le
我知道了：

_____

_____

85

que dìng xiǎo bào zhǔ tí
确定小报主题：

_____

_____

qì xiàng xiǎo bào huì huà huò zhān tiē chù
气象小报绘画或粘贴处：